[超過一萬位商務菁英，實證有效、省時！]

遠距溝通最強術

オンラインコミュニケーションの教科書
社團法人線上溝通協會——著
林姿呈——譯

視訊溝通有溫度零失誤的 40 個攻略，
無論在家接案、線上會議、簡報說服、人脈擴展，都上手無阻礙

序言

指導一萬名商務菁英，最強遠距溝通技術

「隔著螢幕，無法順利傳達。」

「比面對面還累人。」

「我不知道該如何與從未直接會面的人建立關係。」

「自從改成線上商談，成交率驟然下降。」

本書的出版，就是為了解決上述煩惱。

Zoom 及 Teams 等，都是當下最具代表的線上會議軟體及聊天工具。人們透過這些工具進行「線上溝通」，帶來了諸多便利，卻也存在缺點。

比方說，無須直接拜訪客戶，就能進行商談，即使雙方相隔遙遠，也能開會；

但與此同時，由於隔著一道螢幕，所以難以察覺對方的情緒，也不容易傳達語言中細微的弦外之音。

舉例來說，與主管或同事在線上聊天室討論，對方傳來「了解」的回應。如此簡短的答覆，總讓人忍不住胡思亂想：「怎麼覺得回應有點冷淡，他在生氣嗎？」

人與人面對面的溝通，語言的傳達永遠會伴隨著表情，因此只要對方說「了解」時面帶微笑，就能明白他沒有生氣。然而，許多線上溝通只有純文字的交流，同一句「了解」，有時會給對方留下冷漠的印象。

此外，線上會議中時常出現尷尬的沉默。

當主持人詢問：「大家有什麼意見嗎？」螢幕上一片安靜……。

此時，如果是實體會議，比鄰的同事可能會彼此以眼神示意，推派代表發言；但如果是線上會議，眼神交流行不通，若不事先採取對策，便會經常出現無人發言的窘況。

相信不少人都曾遇過這類情況而備感挫折，於是覺得「直接面對面對談還比較輕鬆，效果也比較好」、「線上討論真的好麻煩」。

實際上，我們相信一定有許多人對線上會議、商務談判或使用聊天室溝通抱持敬謝不敏的態度。

線上溝通有訣竅

但其實，線上溝通有訣竅。掌握線上的溝通技巧，還能大幅提升溝通能力，相信在公司內部會議或是與客戶的商務談判時，都能取得更好的成果。

舉例來說，**在線上聊天室使用表情符號，有助於減緩冷漠的印象**。僅以純文字表達的「了解」，和加了一個笑臉符號的「了解」，給人的印象截然不同。這部分我們會在正文中進一步詳細探討。

至於避免會議上一片死寂的方法也很簡單，只需要以直接點名的方式，鼓勵大家發言。比如「〇〇，你有什麼想法嗎？」被點到名的人，一定會有所回應。

我們在本書中精心挑選了許多技巧，分析如何在各處異地的情況下，與他人進行良好的溝通，以及如何與初次碰面的人隔著螢幕建立關係。書中介紹的方法既簡單又實用，保證各位可以現學現用。

九成工作者不願與線上溝通不良者來往

二〇二二年年初，我們舉行了一場問卷調查，調查對象是每週與公司外部人員視訊開會至少三次以上的日本商務人士。問卷中包括了以下這個問題。

「商談時，如果對方不太會使用線上溝通工具，是否會讓你打退堂鼓？」

其中九〇%受訪者回答「是」。

大部分的理由是，那些「不太會用的人」多半不習慣線上溝通，或其溝通模式不適合透過線上視訊，所以為了避免溝通失誤，或彼此共享資訊的速度有所落差，會盡可能減少與這類人互動。

即使是一個小小的錯誤，也可能因日積月累，在心中留下疙瘩，認為「跟那個人用視訊溝通好麻煩」，讓人在無意中敬而遠之。從問卷結果來看，我們幾乎可以肯定：「無法在線上取得良好溝通的企業及個人，勢必會遭時代淘汰」。

因此，未來在線上會議及線上商務談判中的溝通技巧，可說是所有商務人士都應具備的技能。

線上溝通不同於傳統交流

在此，且容我們先自我介紹。本書是由社團法人線上溝通協會的成員所共同編撰。

線上溝通協會專門調查研究使用線上會議軟體及聊天室等工具，隔著螢幕進行交流的溝通模式，並探索使用虛擬化身（avatar）及元宇宙（metaverse）來開會或進行組織交流的可能性。

在此同時，我們也提供線上會議、聊天室溝通術等相關研習及諮詢，協助亟欲推廣遠端工作的企業與團體，革新過往的工作模式。

本協會自二〇二一年成立以來，服務對象迄今（二〇二二年十月）已超過一萬名商務人士，合作企業更多達三百間。雖然我們新成立不久，規模尚小，卻依舊收到許多的諮詢需求。這一點在在證明，許多公司及相關人員在線上溝通方面時，都遇到了困難。

尤其在日本，人們總是期盼不用主動開口，他人就能察覺自己的需求和感受。這種特殊文化，使線上溝通變得更加困難。畢竟，我們不可能指望他人隔著螢幕，還能當自己肚裡的蛔蟲。

一個人不宣示自己的主張，基本上得不到任何回應；即使心中有所期待，只要你永遠不說出口（或用文字表達），他人便無從知曉。

換言之，線上溝通所需的技能，與傳統溝通方式截然不同。

在本書中，我們將分享各種線上溝通技巧，這些都是我們隔著螢幕，不斷反覆觀察三百間公司和一萬多名商務人士的線上溝通過程，所累積下來的經驗。

此外，一個人在遠端工作的環境下感覺孤單，這種情況並不罕見。而且遠端工作容易讓人運動不足，甚至難以在工作與私人生活之間劃清界線。這些情況，都可能導致身心健康失衡。因此本書最後也彙整了一些健康方面的建議，協助各位在面臨工作模式突然產生劇變的情況下，仍能保持自己的步調，快樂健康的工作。

誠摯希望各位能藉由本書掌握如何在網路時代與人溝通的技巧，若能因此為各位的事業乃至人生創造機會，將是我們至高的榮幸。

二〇二二年十月

社團法人線上溝通協會　敬啟

CONTENTS

第2章

超說服商務提案，這樣談

十五個技巧，快速說服客戶，每個人都點頭 072

第3章

超溫暖線上交流，有技巧

七個細節，消除線上隔閡感，聊天更有溫度

第4章 超效率遠端工作，有訣竅

第 1 章

超順暢線上會議，這樣開

十二個要點，雲端開會比實體會議更順暢

傳統面對面的實體會議與線上會議，存在著許多不同。

線上會議只會傳輸鏡頭與麥克風所捕捉到的聲音與影像，無法分享所謂的「氛圍」和「氣息」，而這些，如果身處在同一空間內，必定會親身感受。**說法或許有些抽象，但有一點請各位務必牢記：線上會議無法傳達所謂的「會議氣氛」**。

此外，如果是多人會議，傳統的實體會議還可以與鄰座交頭接耳，確認當下討論的議題內容，但隔著螢幕的視訊會議，交頭接耳已變成不可能的任務。

所以理所當然的，也無法彼此以眼神示意。比如，在實體會議中，主持人可能會詢問：「有人想分享意見嗎？」在一陣短暫的沉默後，通常會有人自告奮勇，發表意見。其實這個時候，人們會無意識的用眼神交流，打探彼此的意願。**然而，這**

種「眼神交流」在線上發揮不了作用。所以日本人再如何擅長「讀心」，在線上會議中也無用武之地。

說起來，日本屬於高情境文化（譯注：high context culture，說話者在傳達訊息時較為隱晦，聽者需掌握足夠的背景資訊，才能理解話中未直接表述的意涵），就連日語中也充滿「察言觀色」、「讀空氣」等詞彙，所以許多話，日本人並不會開門見山的明說。「我是覺得不錯啦……。」許多人的溝通方式，常常像這樣話說到一半，希望對方透過自己的表情、語調或當下氣氛，察覺自己話中的真意，彷彿一切盡在不言中。然而在線上，這種「一切盡在不言中的意涵」會更難傳達出去。

「線上會議與實體會議沒有區別，只是面對面的另一種延續。」如果你抱持這種心態，沒有做任何準備就出席線上會議，就會很容易出現溝通不良的情況，比如自己的想法沒有順利傳達出去，或無法理解對方的意思。

這樣一來會導致溝通失誤，還得多做職務以外的工作，甚至可能因為頻繁收到確認進度的訊息，不斷分心，降低工作效率。

為了避免以上情況發生，第一章就讓我們先來討論如何提高線上會議的效率。

01

用五到十分鐘為單位，設定會議議程

貴公司在開會前，會製作如本節開頭圖示的「議程表」嗎？

「議程表」就相當於會議的「目錄」，也可以說是「預定進度表」，根據每個議題或負責人的需求，將整場會議時間劃分為五至十分鐘的單位。

舉例來說，會議開始前，主持人可根據議程表來開場。

「首先，我會在十分鐘以內報告目前新專案進度，接著半澤也會用十分鐘的時間分析新產品銷售趨勢，然後由森山帶領討論二〇二二年的展覽活動。因為今天森山想詢問大家的意見，所以討論時間比較長，預計大約二十分鐘。最後的五分鐘，大家一起確認待辦事項，所以會議整體時間大約四十五分鐘。」

制定議程表，對線上會議尤為重要，**因為在線上會議中，主講者一旦偏離主題，就很難再拉回原本的議題**。

在視訊會議中，如果多人同時說話，反而會變成噪音，吵嘈聽不清，因此基本上一次只能有一人發言。在實體會議上，或許還能即時打斷主講者，提醒「現在有點偏離主題」，但在線上會議中，礙於設備限制，聽者多半必須等主講者談話告一段落後，才能出聲提醒。然而，如果講者所談內容引起大家熱烈討論，情況通常會變得一發不可收拾。

此外，假設會議真的偏離主題，導致沒有時間討論原本的議題，如果與會成員都在辦公室，會議結束後，還有機會在走廊或電梯大廳抓住相關人員，當面詢問對方：「我方便跟你確認剛剛的會議事項嗎？」、「剛才開會沒時間討論，我可以請教你對這個構想有什麼看法嗎？」然而，這些對遠距工作者來說，十分艱難。

從這一層面來看，也凸顯出一個重點——線上會議必須從一開始，就將大家想聆聽、想討論的議題排入議程，以免被忽略跳過。

制定議程還有另一個很重要的作用，就是管理時間。

如果沒有時間限定，人們說話容易東扯西扯，喋喋不休，這大概也是造成「會議延長」等通病經常發生的最大原因。

同樣的問題也會發生在實體會議上。如果不限定每人發言時間，純粹告知「今天會議時間預計四十五分鐘」，光是第一個議題，就可能占用掉三十分鐘。

相反的，如果清楚設定每位講者的發言時間，大家就會自我警惕「我必須言簡意賅，在規定時間內結束」。如此一來，就有機會激發靈感，順利做出決策。在本節開頭的例子中，每人預設的發言時間約十分鐘。

或許有人會感到懷疑：「不過是制定議程表，有這麼大的作用嗎？」但如果你願意嘗試，一定會非常訝異會議進展竟然如此順利。

另外，關於議程表的公告，雖然亦可在會議開始時，以螢幕分享的方式來發布，但建議，盡量最慢在開會前一天，透過電子郵件或即時通訊軟體，將議程發送給所有與會成員。

根據情況，可能會有人提出要求：「請把某某主題也加進去」、「這次開會我想順便討論○○」，所以通知時，不妨加註說明「若想討論其他議題，請事先告知」。

POINT

制定議程表，不僅有助於會議進展順利，
還能改變與會者的心態。

02

議程設定時，關鍵在於「由輕而重」

在上一節中，我們提到線上會議必須排定「議程」。那麼，議程又該如何制定呢？

其實，只要掌握三個訣竅，就能輕鬆制定各種會議議程。

接著讓我們逐一解說。

❶ 填寫必要項目

首先，在議程表中列出必要項目。必要項目有三項：**「講者（每個議題的主要發言者）」**、**「議題」**和**「預定時間」**。

❷ 調整議題順序

第二個訣竅是**「議題的討論順序由輕而重，重要議題排最後」**。如果會議一開始，就從找不出答案的沉重議題切入，容易讓所有人陷入沉思；但從眾人容易提出意見，或容易達成共識的主題開始，大家聊開後，也能讓後續的討論更加活絡。另外，從不會有人舉手反對的主題開始討論，也是促進會議成功的小訣竅。

根據這個觀點，請翻回「01用五到十分鐘為單位，設定會議議程」重新檢視議程表，應該不難發現，議程的結構是「由輕而重」——從較輕鬆的進度報告開始，接著分享需要思考的話題，並在會議後半段討論二〇二二年的展覽活動，徵求眾人意見。

❸ 最後確認待辦事項，畫下完美句點

第三個訣竅是，在會議的最後，統整當天會議重點，並提醒各人應完成的任務和行動。

「在會議的最後，務必所有人一起確認待辦事項，畫下句點」是恆久不變的開會法則。

開會及討論的目的，是為了讓工作順利進行。因此，基本上無論是什麼樣的會議，都應該在最後確認「誰」必須在「何時」之前完成「哪些任務」，這有助於與會者釐清自己的分內工作及完成期限。當然，只要出席會議，通常都清楚自己該做哪些事，但在最後被人具體叮囑待辦事項，會讓人更果斷的執行任務。

各位是否聽過「峰終定律」（Peak-End Rule）？這是一種關於人類記憶的機制，由心理學家康納曼（Daniel Kahneman）所提出，意指**每件事最精采的部分（peak）及最後結尾（end）最容易停留在人的記憶裡**。這就是為什麼我們會建議最好在會議的最後，大家一起確認待辦事項。

不管會議中討論有多麼深入，如果會後的具體任務敷衍了事，或是無人採取行動，這場會議便毫無意義。

儘管開會經常討論到最後一刻，導致時間不足，無法在最後確認待辦事項，但如果在議程中排定「最後五分鐘確認待辦事項」，相信所有人都會盡力配合，確保時間的分配。

POINT

制定議程
也是一種梳理會議論點的過程。

03

沒人開口怎麼辦？靠「點名」鼓勵發言

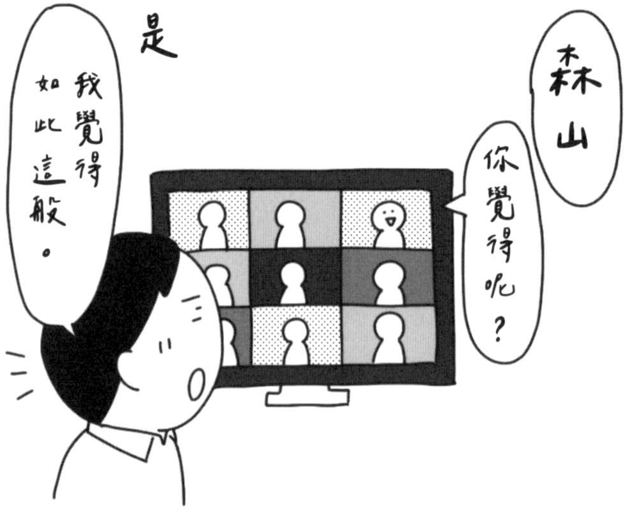

會議場合，通常由主持人或主講者掌握主導權，督促會議順利進展，同時平等的聽取每個人的意見。他們在線上會議中的重要性，甚至遠遠超過實體會議。

這種說法，可能會讓各位以為主持線上會議很困難，但只要注意以下兩點，通常就能讓會議順利進行。

第一是**「以點名方式鼓勵發言」**，第二是**「話多的人排後面」**。

首先，我們先來了解第一項「以點名方式鼓勵發言」的重要性。

各位在線上會議中，是否曾遇過主持人詢問大家意見，螢幕上卻是一片安靜的尷尬情況？雖然還不至於讓人一腳踏入永不得超生的「無間地獄」，但著實是讓人恨不得隱形的「無聲地獄」……。即使自己不是主持人，相信你也會覺得尷尬無比。

在線上會議中，由於與會者無法彼此以眼神示意：「這誰來講？你嗎？還是我？」也為了避免自己與他人同時發言，所以眾人往往會比較拘謹，不敢主動發言，因而經常出現一片沉默的情況。會議中如果出現這段空檔，實在相當可惜。

為了避免這類情況發生，主持人不妨直接點名，比如「○○，你覺得這個主意怎麼樣？」、「××，你有不清楚的地方嗎？」，鼓勵大家發言。理想的情況是，一人發言後，可以迅速的一個個接棒下去，保持討論節奏順暢。

當然，主持人也可以制定發言規則，比如「有意見的人，請按『舉手』鍵稍候」，但在實際對談中，按舉手鍵、等待點名的發言方式，也可能會破壞談話節奏。所以利用舉手功能，當然沒有問題，但直接點名詢問意見，更能自然掌控發言速度。

但不管怎麼說，阻止他人發言並不是一種恰當的行為。因此誠摯建議，在會議一開始，即充分告知發言規則，比如「若想中途插話，請先按舉手鍵」或「請在聊天室寫下意見」等。

點名發言，除了可避免會議陷入尷尬的無聲地獄，還有另一個非常重要的功用。**當自己被點名時，會讓人產生一種「存在獲得認可」的感受，進而提高專注力，這在心理學上稱為「喚名效應」**。所以直呼名諱，是一個非常重要的手法，不僅能讓人們保持適度的緊張情緒，還能加強當事人參與意願，提高自我意識。

因此，不光在鼓勵發言的場合，在平日的溝通中，不妨也有意識的於對話中穿插談話對象的名字，比如「我贊成A剛才所說的」、「確實出現了如B所料的情況，所以我認為如此這般」。將人名交織在對話中，通常有助於後續積極發言的熱度，讓討論得以持續下去。

順帶一提，喚名效應最有效的時機，據說是在會議的開頭與結束。特別在會議剛開始時呼喚與會者名字，帶有「歡迎蒞臨」的語意在，有助於刺激發言，促使討論更活絡。

POINT

注意應呼喚所有與會者名字，而不是少數幾人。

04

話愈多的人，愈要讓他晚一點開口

第二個訣竅是「**把容易長篇大論的人排最後**」。這是線上會議主持人都應該牢記的一點。

其實，線上會議的節奏與快慢，幾乎全由第一發言者決定。因為正如前文所提，我們很難在線上會議中打斷正在高談闊論的主講者。

「有人想分享意見嗎？」如此籠統的提問，如果碰巧遇上一個熱愛發言的人奪得發言權，喋喋不休的暢所欲言，整場會議很可能就變成他個人的發表大會。此外，如果過度在意長幼有序，安排年長者率先發表意見，一上場就長篇大論，也可能就此被奪走會議的主導權。

所以，安排擅長簡明扼要講述重點的人，來為每個議題開場，這一點非常重要。

儘管制定議程，預先分配時間是會議的大前提，但還是建議各位會議主持人先列出「話多名單」，並有意識的將這些人安排在最後發言。

POINT

平時就要多了解團隊成員的個性。

05

不在排程的議題，請放「待議停車場」

圖 1 ■ 會議議程　　9月21日　13:00～13:45

❶ 新專案進度報告	山本	～13:10
❷ 新產品銷售趨勢分析	半澤	～13:20
❸ 2022年展覽活動	森山	～13:40
❹ 確認待辦事項	山本	～13:45

誠如前文，相較於實體會議，線上會議更難制止人們長篇大論，討論也容易失焦。

面對這些情況，建議採用**「待議停車場」**（parking-lot）的技巧。

待議停車場，就如「停車場」一字面上暫時停放車輛的意思，用來比喻設置一個議題的臨停專區，暫時保留議題，以供日後討論。

接下來，讓我們以會議議程表（見圖1）為例，解釋待議停車場的使用方法。

主講者森山希望在此次會議決定展覽會的主題、日程及地點，所以他決定用以下內容做為開場白。

「大家好，我是森山。今天我想針對二〇二二年展覽活動的主題，請教大家的意見，還有舉行展覽會的日程及地點，希望各位踴躍分享看法與建議。」

然而，課長突然丟出一個問題：「展覽會的預算呢？」後進同事也跟著提問：「活動宣傳要發哪些贈品？」這兩者都不是原本議題要探討的內容。

面對這種情況，「待議停車場」就是一個很好的解決方案。

如圖2所示，可以預先在投影螢幕上的議程表，或資料的右下方或左下方，準備一個筆記欄。

會議途中，當被問及「展覽會的預算呢？」這類與本次議題無直接關聯的問題時，主講者可以回覆：「課長，預算當然也很重要，但我們今天應該沒有時間討論預算，可以延到下次再討論嗎？我先把預算保留在待議事項這裡，謝謝課長的意見。」然後在筆記欄中填上「預算」。這種方式，既不會冒犯到對方，也不會影響會議的進行。

「我們現在沒有要討論預算」與「預算當然也很重要，但今天應該沒時間討論

圖 2 ■ 待議停車場（範例）

❸ 2022年參展活動	森山	～13:40

・主題

・日程

・地點

P
・預算
・活動贈品

預算，可以延到下次再討論嗎？」這兩種說法給人的感覺截然不同。

當著大家的面，將臨時出現的議題放入待議停車場，相當於承諾「我們日後一定會討論這個話題」，這樣一來，意見被往後推延的提議者也會比較安心。

在實體會議上，有時也會在白板右方規畫一塊區域，做為待議停車場，不過這種作法在線上會議中的效果尤為顯著。

另外，無法在議程表上規畫待議停車場的欄位時，不妨善用 Zoom 等視訊軟體的聊天室功能。

此外，待議停車場也能用來制止人們繼續高談闊論。

例如，當有人滔滔不絕的討論與現有議題無直接相關的活動贈品話題，又不容旁人置喙，影響會議進程時，主講者不妨無預警的直接在待議停車場的欄位中填上「活動贈品」。

如此一來，既能讓其他與會人員了解到「既然放在待議停車場了，表示不用現在討論這個話題」，藉此安撫大家的情緒；持續高談闊論的人，看到談話內容被填入「待議停車場」裡，也能適時察覺「這個話題偏離主題，不適合現在討論」，藉此確保會議的順暢進行。

當然，把議題排進待議停車場後，別忘了打圓場。

「〇〇，不好意思。今天時間比較緊迫，我們下次再討論活動贈品，謝謝你的諒解。」適當的安撫，可以避免氣氛變尷尬，讓會議得以持續進行。

還有最重要的是，**不要以為記錄在待議停車場或聊天室裡，一切就大功告成，一定要把待議的議題列入下次的會議議程中**。因為如果不事先列入議程中，很容易被人遺忘。雖然當下是「偏離主題」的內容，但很多時候，就整體而言，那件事可能非常重要。

請善用「待議停車場」，花點心思，讓會議順利進行。

POINT

採用「待議停車場」的技巧時，一定要圓融協調，化解尷尬。

06

三個實用技巧，
消除討論停滯僵局

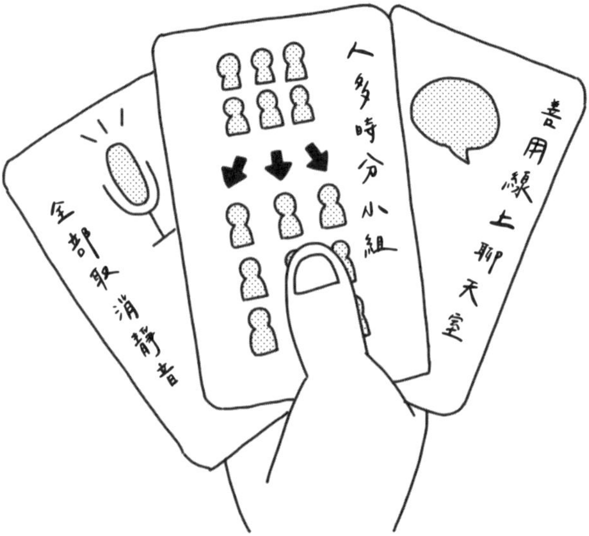

線上會議最困難的一點，是召開腦力激盪等自由討論。相信各位讀過前文後都能理解，這是因為籠統詢問大家有什麼意見，極有可能得到「沉默」的回應。

在此容我們介紹三種激發靈感的方法，即使是線上會議，也能適用。

❶ 善用線上聊天室

「請大家踴躍發表意見。」即使主持人這樣說，眾人在一時之間也很難有什麼想法……。而且一一點名發言，也很耗費時間。

在這種情況下，主持人不妨事先告知「如有任何想法，請寫在聊天室裡」，反而更能有效且快速的收集意見。

這個方法的另一個好處是，免除與會者內心「必須發言」的多餘壓力，可以更專注在思考上。

❷ 分散人數

如果當場真的沒有人發表意見，不妨善用線上軟體的附屬功能，將與會者分成小組，分配到各個**「分組會議室」**（breakout room）、**「分組會議」**（breakout session）、**「分組討論」**等小型或獨立的討論室。假設與會者共十人，可分成三人、三人、四人為一組，個別在小組討論室中討論。

人在小團體當中，通常比較敢於發言，因此更容易激盪出各種想法。比起在十人面前發言，在三人面前說話的心理壓力也相對較小。

這個方法同樣適用於實體會議。主持人不妨引導現場與會人員「請試著與旁邊的人討論」，陷入僵局的議題或許就能重啟討論。

③ 全部取消靜音

會議進展如果卡住，主持人不妨直接放大絕：「現在我們會開啟所有人的麥克風，請各位盡情分享你的想法！」

因為，有時從別人的話中更容易得到啟發，激發新的想法，而且讓每個人能夠立即回應他人的發言，更容易激盪出不同的發想。

解除靜音後，主持人請仔細觀察所有與會者的視線、神色與姿態，找出那些欲

言又止的人，並鼓勵他們發言。為了達到這個目的，請事先要求所有與會者開啟鏡頭，露臉出席會議。有關這部分，將於後文詳細說明。

此外，在多人會議中取消靜音後，大家可能會同時出聲發言。假設A、B兩人同時出聲，建議主持人適時介入，調整發言順序，比如「請B先發言」或「我們先請A來分享，B是下一位」。

POINT

促進與會者提出想法的祕訣，是讓他們相信自己「我也可以發表意見」。

07

關閉視訊鏡頭，竟會降低會議效率？

你有辦法平心靜氣的跟戴著全罩式安全帽的人說話嗎？大多數人的反應，應該會覺得「有點恐怖」。

但其實，你自己可能在無意中也做過同樣的事。

那就是在線上會議中關閉鏡頭。

大家不開鏡頭，有千萬種理由。有的人覺得不露臉更舒適，有的人不想讓家中擺設曝光，有的女性是不想讓人看見自己沒上妝的模樣……。還有一些人則是不想讓人知道自己一心二用，邊開會邊回信，或正在處理文書作業。

然而，關閉鏡頭開會，對方就相當於在跟一個戴著全罩式安全帽的人交談。**換言之，對方完全看不到你的表情，也無法得知你對他所說的話有何反應，是高興、難過還是困惑，完全沒有任何線索**。

許多電影或遊戲的反派角色都會戴著面具，正是因為面具隱藏了臉部表情，可以減少訊息的透露，使對方產生恐懼。

電影《星際大戰》中的大反派黑武士之所以駭人，不僅僅是因為面具，更多是因為我們看不到他面具下的表情。

圖 3 Q 在線上會議中，哪些場面會讓你感到「精神疲勞」？

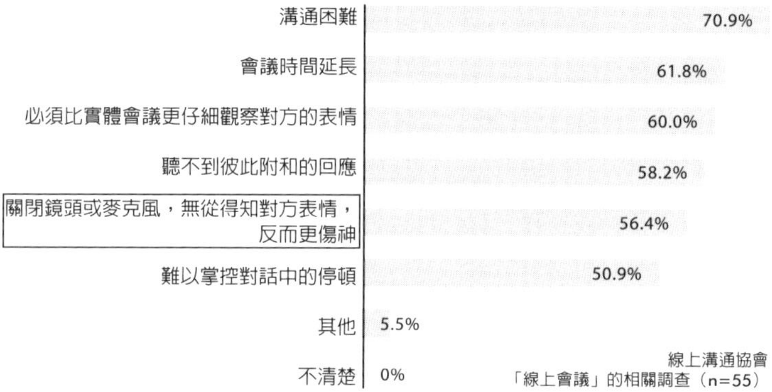

線上溝通協會
「線上會議」的相關調查（n=55）

實際上，根據我們的調查，高達五成的受訪者表示「在看不到對方表情的情況下開會，因為無法感受對方的情緒或反應，心理上非常疲憊」。

此外，在會議中關閉視訊鏡頭，不僅會影響對方的心理層面，也會對會議結果帶來不良影響。

常有人說：「人是用表情在說話。」我們的日常溝通中，除了語言，還會用到其他的元素。**所以，如果看不到對方的表情或肢體動作，我們接收到的資訊將會大幅減少。**

如此一來，我們如果不養成開啟鏡頭的習慣，對方就不得不在訊息匱乏的情況下開會。這可能導致訊息傳達不順或失誤，造成溝通不良，導致會議效率明顯降低。

我們的調查明確顯示，關閉鏡頭比開啟鏡頭更容易導致會議時間延長，達成共識的精準度也會降低。

不過，如果網路連線不穩，導致影像模糊，聲音也不清晰，此時會建議關閉視訊鏡頭。因為這樣做，通常可使音訊變清晰。

在這種情況下，建議先通知對方：「我的網路有點不穩，所以我先關閉鏡頭」，讓他了解情況。或者，如果是對方網路不順，不妨建議「請關閉鏡頭，收訊會比較順暢」；如此主動建議對方關閉鏡頭，也是線上溝通時必備的貼心舉動。

POINT

如果開會時，所有與會者都關閉鏡頭，建議以身作則，率先開啓鏡頭。

08

以身作則，開鏡頭 等待會議參與者入場

儘管開啟鏡頭十分重要，但卻也可能造成問題。近期甚至出現「遠距霸凌」*（remote harassment）這樣的新詞彙。如果在線上強制他人「開啟所有功能」，可能會被人控訴騷擾或霸凌。對方可能已經很緊張了，所以千萬不可再對其強加額外的壓力。

尤其建議避免在與會者全數到齊後，突然要求所有人「請開啟視訊鏡頭」，因為在此情況下要求開啟鏡頭，所造成的心理壓力最大。

最好的辦法是，主持人率先進入會議室，並開啓自己的視訊鏡頭，接著在每個出席者進入會議室時，依序提醒他們開啓鏡頭。

如果先到的成員開著鏡頭等候，後續進入會議室的其他成員多半會認為「看來今天要開鏡頭開會」，多半會主動開啟視訊鏡頭。

另外還有一些神奇話術，可以用一句話讓對方開啟鏡頭。以下列舉三種最具代表的範例。

---

*文中指出的情況屬於遠距霸凌中的職權騷擾，指的是在遠距辦公中，主管因為無法看到並確認部屬的工作情況，而衍伸出開啟網路攝影機的要求，這可能形成一種職權騷擾。

❶可以麻煩你開啓鏡頭嗎？我怕我說的話傳達得不夠清楚。

❷你今天要關鏡頭嗎？螢幕上只看得見我自己，感覺好害羞。可以請你開鏡頭陪我嗎？

❸我不太確定自己是否有表達清楚，如果方便，可否請你開啓鏡頭？

關於❷的描述，即使對方平常就習慣關閉鏡頭，還是可以用「今日」來表達。這種帶有「只是今天偶然沒開鏡頭」的說法，可以讓我們的要求表達得更委婉。

「螢幕上只看得到我自己好害羞」這句話，也同樣帶有「是『我』很害羞，能否舉手之勞幫我一下」的意思在，有助於減緩「請開啟鏡頭」這類帶有命令意味的含意。

此外，也可以用「**可以開個鏡頭嗎？只要在會議剛開始的幾分鐘就好**」或是「**我們好久沒見了，能否在最初幾分鐘打開鏡頭，大家照個面？**」的方式來表達。

藉由退而求其次，請與會者「在最初幾分鐘露個臉」，不強求「整場會議一直開著鏡頭」，有助於緩解對方的心理障礙。

這種表達方式，對方通常會比較願意開啟鏡頭，而且只要願意在會議開始時開啟鏡頭，多半會持續到最後。

POINT

以「尋求協助」的表達方式替代強硬的要求，較有機會提高對方開啓鏡頭的意願。

09

注意！不發言時轉靜音，未必是禮貌

以前，某公司員工跟我們分享他的情況。每次他與公司後進同仁一對一開會時，對方總是轉靜音，所以雙方討論的節奏很差，令他十分困擾。

後來這位員工問對方為什麼總是轉靜音，據說對方的回答是：「視訊會議在對方發言時關閉麥克風，不是基本禮儀嗎？」

不知各位是否還有印象？新冠肺炎剛開始流行時，網路新聞及社群網絡不時在宣導：「線上開會時，除自己發言以外的時間，應全程關閉麥克風。」當時宣傳的內容是：「在人數眾多的會議或研討會上，將麥克風轉靜音是一種禮貌。」因為當人數愈多，愈容易出現雜音或多人同時發言的情況，所以新聞媒體才會勸導大眾「在人數眾多的會議中，應關閉麥克風」。

然而，後來省略了「在人數眾多的會議中」的部分，導致「在線上會議中關麥克風是基本禮儀」的錯誤認知廣為流傳。所以愈來愈多人在少數人的小型會議或一對一的討論會中，也習慣在非自己發言時段關閉麥克風。

此外，有些人以為「線上會議不需要適時給予回應」，但這也是省略了「多人會議」的前提條件。

當會議的人數較少時，建議給予適度回應，讓講者知道「聽眾有在聽」。至於**幾人以上才算「多人」？一般大多以六人為界線**。所以，少於這個人數的線上會議，建議所有人開啟麥克風，讓彼此聽到回應，反而有助於會議儘早結束。

這就和實體會議一樣，聽到與會者的回應，可以讓說話者即時感受到自己的話有確實傳達出去。「嗯嗯」、「原來如此」這些聽者在聽講時給予的回應，有助於講者判斷「很好，他們有聽懂。那這個話題差不多可以結束了」。既然想法有確實傳達，自然可以縮短會議時間。

然而，當麥克風關閉時，講者無法透過語音的回饋確認聽者是否聽懂，於是忍不住擔心「他們好像不是很了解，我再多補充一些東西好了」，從而不斷補充額外的資訊，導致會議拖延。

不過，如果你的所在位置附近有施工噪音、狗吠聲或人聲鼎沸，即使與會者人數不多，還是建議自己發言以外的時間，應全程關閉麥克風。

然而，線上會議經常可以聽到「我的周圍很吵，所以我轉靜音喔」的說詞，這裡要提醒大家，**基本上參加線上會議，本就應該盡量避免在嘈雜的地方上線**。有些人可能會覺得小孩或寵物突然闖入會議中攪局的情況很有趣，但也有人不這麼認為。

此外，如果從公司辦公室等地參加會議，還有從周圍談話洩漏訊息的風險。比如，同事在一旁聊天「聽說客戶A公司如此這般」，假設你又剛好在與A公司開會，那些話說不定就會透過你的麥克風傳入對方耳中。

所以奉勸各位，不要以為只要有網路，任何地點都能參與線上會議。

POINT

世間所說的禮儀，未必全然正確。

10

開會前抓空檔閒聊，有助於凝聚向心力

人們開始遠端工作後，失去的第一件事，大概就是與同事的閒聊時光。許多人可能已經深深體會到閒聊的可貴，例如，「想當初彼此透過閒聊，交換了不少情報。」、「工作上的樂趣可能就在於與同事聊天。」

對遠端工作的人來說，線上會議是一個可以與他人閒聊的寶貴場合。或許有人認為，閒聊不事生產，很沒效率，但其實閒聊有許多好處。

首先，在線上會議正式開始前，閒聊有助於確保與會成員彼此心理上的安全感。所謂的「心理安全感」，指的是一種可以安心的在組織中，對任何人表達自我意見和感受的心理狀態。當一個人感受到被他人認可，認定自己可以在這個場合說話時，他在會議中會更積極的參與討論，發言次數也會增加。

此外還發現，開會前閒聊，更容易促使雙方會議後積極採取行動。因為當彼此透過閒聊，建立起一定程度的關係後，更容易接受對方的請託，例如，「〇〇，開完會後，××的事就麻煩你了」。

視訊上的閒聊，一開始可能會有些尷尬。人們在面對面時，通常會自然而然的閒聊。然而，線上會議在正式開始前，部分團隊或與會成員可能會關閉鏡頭及麥克風，不發一語，有時甚至時間一到，就突如其來的切入正題。不過，既然除了自己以外，還有其他成員提早進入會議室做準備，不妨趁此機會，善用空檔，套個交情，閒聊幾句。

另外，會議前的閒聊，還須顧及後續進入會議室的成員。

假設先入場的成員聊得起勁，後續進來的人，就可能因搞不清楚狀況，插不上話，只好保持沉默。

為了避免這種情況發生，建議聊開的成員主動攀談，比如「**會議還沒開始，我們只是在閒聊。我剛剛跟○○在聊某某話題，××你覺得呢？**」、「**○○說他最近去吃某某料理，××呢？最近如何？**」透過提問製造機會，引導剛進入會議室的成員一起聊天。

此外，線上會議軟體還有「等候室」功能。透過這項功能，主辦人可以決定放行的先後順序（有些線上系統稱為「大廳」）。

等候室是一個與主要會議室分開的空間，主辦人可以先讓與會者進入等候室，然後逐一決定進入主會場的時機。

當你有需求，希望先與某人破冰以免尬聊，或有事想先單獨告知某人時，不妨善用等候室功能。

當然，請務必在會議開始前，準時讓等候室所有成員進入主要會場。如果已超過預定時間，與會者仍無法進入會議室，可能會使他們產生不信任與焦慮，應謹慎小心。

POINT

在團隊內製造閒聊機會，有益於成員彼此建立良好的人際關係。

11

線上會議較為彈性，但仍要保留空檔

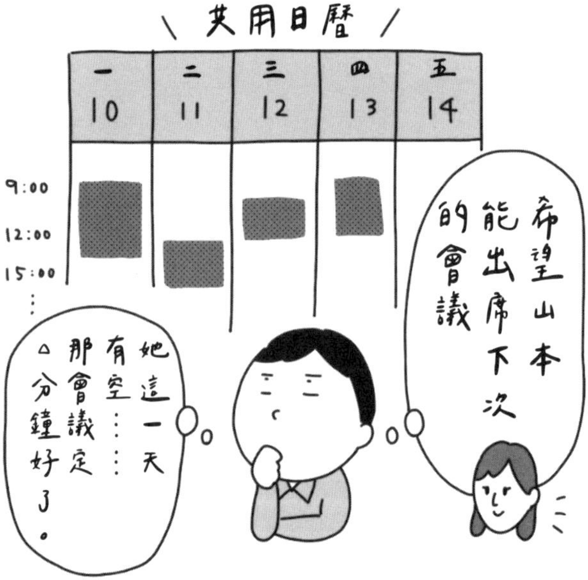

線上會議的優點是，只要連上網路，不論身在何處，都能參加會議，所以人們往往會以為「反正是線上，可以輕鬆參加」。

然而，如果習慣邀請「可有可無」的人參加會議，不但剝奪他們的時間，自己也可能會頻繁受邀參加不必要的會議。

受邀參加一個與自己關係不大的會議，即使出席，也不太可能會認真聽講。尤其如果是線上會議，許多人可能是螢幕那端在開會，自己在另一端「一心二用」，查看電子郵件或處理文書資料。儘管在會議中一心二用，看似像有意義的善用時間，但還是會有許多訊息透過喇叭傳入耳朵，分散注意力。最終，一心二用只會降低效率，讓時間變得毫無意義。

所以會議召集人，必須深思熟慮每個人在場的意義。比如「某某必須在場，否則會很困擾」、「這場會議非常需要某某的意見，否則開不下去」。

此外，最近愈來愈多公司會讓員工共用一份電子日曆，如此一來，即可透過電腦或智慧型手機，檢視所有團隊成員的行程。因此，規畫線上會議時，大多會先查看與會成員的行程，將會議安排在大家的空檔時間。然而，這當中隱藏著一個陷阱。

例如，假設某人在下午二點至三點有空檔。如果召集人將會議定在這段期間，由於他前後都有行程，所以無法利用前後時間來做準備。如果前一個行程延誤，他還有可能趕不上這場會議。

由於遠端工作減少了通勤時間，許多人時常把行程排得相當緊湊。然而，身而為人，在工作時，都需要空檔喝水、休息；如果接到電話，也可能需要一番處理後，再回電答覆。

所以，假設與會者只有一小時的空檔，會議時間應安排在四十五分鐘；如果只有三十分鐘空檔，則安排二十分鐘的會議時間——這是身為會議召集人應有的體貼。

在日本企業，「會議時間六十分鐘」已在無形中成為一種標準。所以，許多人習慣以此為參考，尋找正好六十分鐘的空檔，或想盡辦法把行程安排為六十分鐘。

然而，如果仔細思考，有些會議只需要四十分鐘就能結束。這時候，打從一開始就將會議時間定為四十分鐘，顯然是最好的安排。

如此一來，即使團隊成員只有六十分鐘的空檔，還是能順利出席會議。如果是五人會議，每人省下了二十分鐘，就相當於整個團隊有一百分鐘可以用來處理其他事情。

當我們談及會議時，往往只會想到議題，而忽略人選及會議時間的決定也至關重要。這些細節，請各位務必隨時提醒自己多加留意。

POINT

會議在正式開會前便已開始。

12

通話途中，可用「聊天室」功能輔助

線上會議雖然有諸多不便，但也有實體會議沒有的便利之處，其中一項就是許多線上會議軟體都具備的「聊天室功能」。

如果人與人之間的對話是主聲道，線上聊天室就猶如電視的副聲道，可以與主聲道同步討論相關話題。

這部分，我們稱為「副聲道對談」。

根據微軟二〇二一年調查結果顯示，八五・七％人認為，在與人對談的同時，還能在聊天室補充說明，表達「同意」、「剛剛講的可以參考這本參考書」等意見，對討論非常有效。

線上聊天室的使用時機大致如下。

比如在表決時，若以口頭詢問贊成或反對，由於幾乎所有人同時出聲，聲音重疊，使得主持人聽不清楚。在此情況下，請與會者在聊天室表明「贊成」或「反對」，反而能更快取得決議。

此外，一些無須特地發言的補充資訊，也可以在聊天室轉貼網址「詳細內容請參見下列連結」，如此就不會打斷會議討論；針對講者的意見，透過聊天室表達「我與〇〇看法相同」，不用等主持人指名，也能傳達自己的想法。即使不出聲，也能炒熱會議氣氛。

其他像是小孩爆哭需要中途離席片刻，以及離席後回座，都能透過聊天室傳達；抑或「對不起，我遲到了！」這類在會議途中上線加入，或提早離開等狀況聯繫，也十分方便。

如果與會人數較少，大家透過視訊螢幕，就能知道有誰上線；但當會議人數超過十人以上，除非本人發言，否則畫面不會切換，因此較不容易察覺人員的進出。然而，如果每個出席者都出聲知會「不好意思，我遲到了！」、「我來囉」，會打斷討論的進行。

透過線上聊天室，就可以在不妨礙會議進行的情況下，通知其他成員自己出席或中途離席的狀況，非常方便。

此外，在線上會議中很難打斷討論的進行，因此當你發現自己的談話有遺漏或缺失時，可以在聊天室傳訊息「我剛才有些內容忘了講，會後我再用電子郵件把資料補寄給大家」。如此就能在不打斷討論的情況下，事後補充內容。

如有疑問，也能透過聊天室提問「可以請某某再解釋一次嗎？」、「請針對這部分詳細說明」，十分便利。

另外還有人指出，線上聊天室的文字交談，對聽障者很有幫助。為了讓更多不同類型的人參與討論，我們強烈建議各位善用聊天室功能。

POINT

聊天室功能的用途五花八門，不妨找出最適合自家公司的應用方式。

線上會議，要避免多人共用空間

各位是否聽過「混合式會議」？這是線上會議與實體會議合體的綜合版本。比如，五人會議中，有三人聚集在公司會議室，另外兩人各自從家中透過網路連線參與的會議形式。

其實，混合式會議要順利進行，具有一定的難度。

例如，當主持人或主講者在會議室時，在大多數情況下，討論的核心會集中在會議室這一方。換言之，除非主持人或講者特別關注線上參與的成員，特地留意與他們談話交流，否則他們的存在感會變得相當稀薄，難以開口發言。

所以強烈建議，聚集在會議室的三人，最好也和另外兩名遠端連線開會的成員一樣，各自準備一台電腦等終端設備，讓自己一人獨自映照在螢幕上，參與會議。

然而，當身處同一個空間裡的人，一人一台電腦連接線上會議軟體時，必須留意麥克風的迴授音（howling）。所以，這時候他們必須開啓靜音模式，只有在發言時開啓麥克風，發表完畢再轉靜音，出現迴授音還得跟大家道歉……如此無限循環，狀況連連，讓人難以平靜的參與會議。

還有一個方法，是在會議室中央設置全指向性麥克風。然而現實的情況是，除非使用高性能產品，否則電腦鍵盤的打字音或擺放杯子等聲響，會混雜在一起傳輸出去，變成像是「嗡嗡」的雜音，而且所有人都必須離麥克風很近，否則無法清晰收音。

所以，混合式會議其實不簡單。建議各位最好事先決定，所有人聚集在會議室開實體會議，或乾脆各自從不同地點連線開線上會議。

第 2 章

超說服商務提案，這樣談

十五個技巧，快速說服客戶，每個人都點頭

這是某家企業真實發生的案例。

該公司業務部門有一名超級業務員Ｂ，業績永遠名列前茅。

另一名業務員Ａ，也待在同一部門。儘管Ａ相當努力，但他的努力，始終未能反映在績效上，成績普通。

總之，自新冠肺炎爆發以來，該公司決定將行銷事業改於線上進行。

業務員Ｂ自認自己向來「表現超群」，所以他把與人面對面互動的方式，原封不動的搬到線上，維持一貫的說話方法，一貫的提案模式，一成不變的資料風格，展現方式也一樣……。

其實，Ｂ不是那種會精心製作文件，縝密策畫企劃案的業務員類型。他擅長利

用自己開朗的個性，陪客戶交際應酬，接待他們打高爾夫球。在疫情爆發前，B都是透過這種方式取得良好業績，所以即使改為線上商談，他也沒有提供詳細的產品說明。

反觀A，他思考「既然改為線上，商談方法也要有所改變」，於是特地自我調整，適應線上的溝通方式，引導對方發言。

此外，他還注意到，在線上透過「分享螢幕」功能，有非常高的機率，可以讓在實際商談時不太會認真看資料的客戶查閱資料。

於是，A開始磨練線上傳達的解說技巧，以及資料的製作技術。此外，他亦察覺線上商談很難讀取對方的表情和情緒，所以也開始不斷練習引導對方說出真心話的溝通術。

你猜，一年後情況如何？

B與A的績效竟然出現反轉，B的業績下滑，A則蒸蒸日上。

由此可見，即使是線上商談，透過不同的溝通方式、資料的展現及提問技巧，還是可以像A那樣提高績效。更確切來說，我們現在所處的時代，單憑B那種傳統業務作風，已經無法維持原有的工作表現。

對以往純線下溝通一直處在劣勢的人或企業來說，轉向線上溝通，可說是千載難逢的機會。

即使一個人或企業過去始終處於稱不上優越的環境，比如因位居海外或鄉下等距離限制，或公司規模小，無法開發客源。只要他們有辦法在線上順利商談，就非常有機會擊敗競爭對手。

可以在線上與客戶進行良好的溝通，意味著即使身處日本境內，也能從事全球性的工作。

這個道理同樣可以適用日本國內。過去因距離限制而無法打入區域性市場的企業，現在只要透過網路，不僅可以將事業擴展至關東地區，就連關西、北海道乃至沖繩，日本全國任何地方，都有機會成為自己的商圈。

商圈擴大，正可謂賺錢機會大增。

我們正處於一個時代的轉捩點，千萬不可錯過這個大好機會。

本章中，我們將介紹將線上商談導向成功之路，所需的溝通術、待人處世的態度及資料製作技巧等。當然，這些技巧方法也能應用在公司內部提案等方面，所以即使不是業務人員，我們還是非常鼓勵各位多學習實踐。

接下來請各位暫且忘卻一般常識，抱著全新的心態，一同學習線上商談的法門。

13

高手這樣遞名片，給客戶初步好印象

「初次會面」在線上，簽約也在線上，最終，雙方連面都沒見過，就談成生意……。相信未來這種情況只會有增無減。

這個時候，如何交換名片，就成了一門學問。人們在線上商談時，容易忽略名片交換的步驟。然而，在初次見面的情況下，交換名片帶有「自我介紹」的含意在，是引導商談邁向成功的重要的第一步。當然，我們無法在線上交換實體的名片，所以在此介紹三種替代方案。

❶ 善用名片管理應用程式

第一個方法是使用線上名片管理應用程式（如 CamCard 名片全能王等）交換名片。透過名片管理應用程式，可以在公司內部分享自己取得的名片，也能讓對方公司內部共享你遞過去的名片。

❷ 將自己的名片附在文件資料中

第二個方法是將自己的名片附在要交給客戶的電子文件中。**在提供給客戶的文**

圖 4　■ 個人簡介的頁面（範例）

❶自我介紹

初谷純

出生地：東京都練馬區

喜歡的食物：炸雞、炒麵

興趣：高爾夫球、電影觀賞

近期熱衷：《進擊的巨人》、打業餘棒球

件首頁（具體上為封面的下一頁）**插入自己的名片檔，並在商談開始時，一邊展示名片頁面，一邊簡短自我介紹「我是某某公司的〇〇，請多多指教」。**

然後在會議結束後，將整份文件傳送給客戶。這是確保客戶看到名片最快且最可靠的方法。

❸製作個人簡介頁面

第三個方法是在電子文件中插入個人簡介的頁面，用以替代名片。紙張名片經常包括公司住址、電子信箱，但這些資訊對商談對象而言並不是太重要。

所以，自我介紹時，不妨參考範例：

「我出生於東京都練馬區。最喜歡的食物是炸雞和炒麵；喜歡打高爾夫球和看電影。最近迷上漫畫《進擊的巨人》，還有打業餘棒球」，盡量用誠懇的口吻，讓對方了解自己的為人，產生親近感。如此一來，就有機會進一步加深彼此的交流，例如，「你也是練馬人嗎？我也是耶！」、「原來你也有在打高爾夫球，下次一起去吧。」

此外，個人簡介與其重複使用，根據對方的年齡或性別修改部分內容，效用反而會更大。比如，如果對方是年長者，讀物的部分可以將《進擊的巨人》改為司馬遼太郎的《龍馬行》（但沒必要為了製造共通點而瞎編）。

我們在本節中討論了在線上遞名片及自我介紹的方法，下一節則要介紹如何在線上向對方索取名片或類似的個人資訊。

POINT

製作名片前，

不妨提前列出你希望讓對方了解的身家項目。

14

想探問對方資訊，不妨邊聊邊填採訪表格

線上商談時，如果對方有準備線上名片，基本上沒問題，但如果對方沒有線上名片，該怎麼辦？或許有人會認為「線上商談不會交換名片」，但我們應盡可能利用名片以外的媒介，來取得對方的相關資訊。

對此，有一個很好的方法。

如圖5範例所示，我們可以預先準備一張表格，填上對方基本資料，再透過訪談的形式，逐條詢問並加以記錄。

在商談前，雙方透過電子郵件中的簽名檔，大多能取得對方的名字、電子郵件、電話號碼等基本資料。畢竟，我們至少要知道對方的電子郵件，才能進行線上商談，所以這部分無須特別詢問。

所以，**首先要確認的是，對方所屬部門的正式名稱**。

儘管知道隸屬於「管理部門」，但不確定是管理部門中的哪一組的哪一課，抑或因為部門用英文表示，所以不確定正式的中文名稱，這類情況其實很常見。所以可以透過「請問〇〇先生的所屬部門，正式名稱是什麼？」的方式詢問，再將答案填入事先準備的表格中。

圖 5　■ 對方的個人簡介頁面

❷吉田先生的自我介紹

吉田直樹　先生

所屬部門：

職稱：

過去所屬部門：

任務：

另外一個重點是，必須確認對方的職稱。

電子郵件中的簽名檔通常包括所屬部門及地址，但很少有人會冠上職稱或頭銜。然而，如果不清楚對方的職稱，與本人會面時才驚覺自己不知道「田中先生與山田先生誰的職位比較高？」，困擾的是你自己。

此外，以聯名方式寄信給對方時，就商務禮儀而言，應將上級名字列在前方，但如果不清楚職稱，也就無從決定先填寫誰的名字。

然而，唐突的詢問：「請問您是什麼職位？」難免帶有評估他人身價的意味。

因此建議用委婉的方式，比如**「為了避免在未來的聯繫中失禮，方便請教您的職稱嗎？」**相信可以順利得到答覆。

若能進一步詢問對方過往的職業生涯，相信會更有幫助。

「您以前待過哪些部門？」、「現在這個部門待了幾年了呢？」、「目前負責哪些業務呢？」如此一來，若能有技巧的蒐集一些名片上沒有的資訊，相信對日後關係的建立會很有幫助。

以往在初次見面難以開口請教的問題，透過共享螢幕上的空白欄位，可以讓提問本身變得更容易。**這是因為人們看見空白表格時，會不自覺產生「必須填滿」的想法，於是自然而然的願意開口說話。**關於這部分，稍後將有更詳細的解釋。

尤其是業務人員，請務必試試以上的方法。

POINT

善用空白表格，
可以獲得比名片資料更豐富的訊息。

15

線上商務往來，也要刻意安排閒聊時間

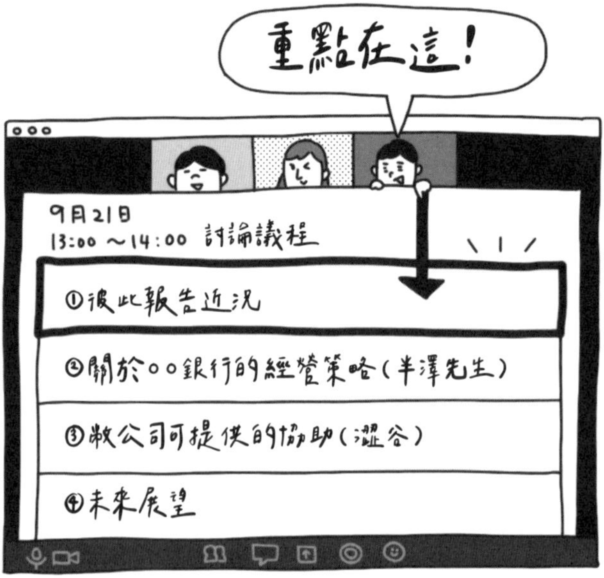

我們在第一章建議，線上會議一定要準備「議程」。

線上商談也是相同道理，建議事先安排「議程」，並在商談的一開始，便與所有與會人士共享。但請注意，商談會議的議程與第一章中所介紹公司內部會議的議程有兩點不同。

第一，與公司外部人員討論時，時間不用設定得太精確。

因為以五分鐘、十分鐘為間距設定時間，會讓對方產生一種壓迫感。

況且，商務上的研議，在開始對談前，我們往往不清楚客戶會討論哪些事，說不定對方的諮詢複雜且費時。所以，在商談時，建議如右側插圖所示，準備一份未標明時間的議程，並在會議開始時，預先傳達會議結束的大致時間，比如「○○先生大概也有下一個行程安排，所以我們預計大約三點四十五分左右結束」。

第二，是安插閒聊時間。

許多研究證實，與其在會議一開始就切入正題，在正式進入商談議題之前，彼此閒聊幾句，反而更有助於後續的正式討論。況且，閒談是與客戶拉近距離的最佳時機。

在第一次商談，不妨在前述以自我介紹替代交換名片的階段，分享一些包括私事等類似閒聊的話題。關於這部分，不用特意安排在議程中。

不過，第二次以後，如果不刻意將閒聊時間排入商談議程中，很容易會議開始時間一到，就直接進入主題。**因此，建議在議程最上方安排「彼此報告近況」的時段**。

如果是老客戶，或許也無須如此特地安排，但如果只在線上商談過一、兩次，由於雙方立場不同，通常彼此都會有些許的緊張與戒心，不太可能突然和對方閒聊「你最近去哪玩了？」這類的話題。

所以，特意安排「報告近況」的時間，可以減緩緊張情緒，增加彼此的熟悉程度，絕非浪費時間。

閱讀至此，或許有人會說：「突然叫我閒聊，我也不知道要說什麼。」**這種情況，建議可以聊食物或地點等話題**。

美食的話題，通常都能引起大多數人的興趣，所以自然容易打開彼此的話匣子，比如「您最近有吃過什麼好吃的料理嗎？」、「前陣子家人做了某道菜，還滿好吃的。」、「哇，真羨慕，你的家人手藝真好。」

至於地點，則不妨分享居家附近的情況，或近期去過的地方。比如「你住的地方開始下雪了嗎？」、「○○小姐所在地區，天氣情況還好嗎？」透過這些簡短對話，或許能拉近彼此的距離。

但請注意，「這個週末做了些什麼」這類問題，帶有窺探他人隱私的意味在，說不定會提高對方心理上的防備。

此外，也應極力避免提及災害或糾紛等負面議題，商談前閒聊的關鍵字最好維持在正面積極的話題上。

有關閒聊的具體內容，第三章也有詳細介紹。

POINT

閒聊有助於商談進行得更順利，不妨放手一試。

16

即使要拒絕，
也務必先講結論再解釋

如同我們一再強調，線上溝通無法分享現場的氣氛，或語意上的弦外之音。因此，實體商談時，即使用詞不夠精準，我們還是可以在某種程度上理解「他現在想表達的是這件事」，但這在只能透過螢幕的語音及影像傳達的線上溝通，卻會變得相當困難。

為了解決這個問題，我們必須非常有自覺的建構淺顯易懂的詞彙架構，而不是漫無目的的發言。更具體而言，談話最好採用英語式結構。

不過，這一點都不困難。只要掌握下列兩點，即使在線上，也能順利傳達我們亟欲表達的內容。

❶ 先講結論

在商談開始前，預先告知「此次商談目的」，可以讓討論進行得更順利。

建議以一個簡短的語句開頭，及早明確表達此次商談的目的。比如「今天會介紹A產品的改善部分。」、「此次特地安排這樣的場合，邀請各位導入B系統。」，諸如此類。

此外，在表達贊成或反對的意見時，也建議用「我贊成，因為……」、「我不同意，因為……」的方式，先表明結論，再解釋原因。

經常有人會先講藉口，像是「我是很想採用你的方案，但上面的人……」，但這種講法，即使是面對面的溝通，對方也很難理解其中的本意，更何況在線上，表情與聲調都不見得能順利傳達，語意不清，反而會讓人不耐煩，搞不清楚到底有沒有被採用。

又或者，「這是一個非常好的提議，連細節都有顧慮到，深受成員們的讚賞，但我個人持反對意見。」這種最後結論顛覆前文的說法，會讓聽者因出乎預料而倍感困惑，所以千萬不要用這種方式表達。

❷ 不要省略主詞

第二個重點是，說話時不要省略主詞。

日文是一種省略主詞也能傳達意思的語言（編按：中文語境中也時常有省略主語的情況），但在線上溝通中，省略主詞有時會造成混亂。

比如，假設對方說：「已確認。」英文需要主詞，所以會說「I checked.」。然而，日文（或中文）在表達「已確認」時，大多不會有主詞，單憑「已確認」這三個字，對方無法明確得知，確認者是眼前說這句話的人，還是團隊成員或主管等其他人。**在商務談判中，許多時候，決策權掌握在對方的主管手中，而不是眼前的接洽人員。這種差異對結果的影響很大，因此請務必與對方做確認**。

當然，自己在說話時，也應該隨時提醒自己加上主詞，比如「我確認過了，不過還沒呈報給主管A」，或是「我是這樣認為，但B說如此這般」。

在實體面對面的溝通中，尚且要留意以上的說話方式，遑論在難以看出前後對話連貫性的線上溝通，這些又顯得更為重要。

所以與人溝通時，請務必注意以下兩點：①先講結論；②不要省略主詞。

POINT

在線上溝通中，
我們必須比現實更清楚「自己想要傳達哪些訊息」。

17

不便啟齒的問題，用螢幕秀出來就OK

商談時，經常會遇到「想了解但又不敢直接問……」的情況。比如，對方在專案上的預算。當然，一般不太可能大剌剌的詢問：敢問貴公司有充足的預算嗎？

其實，這類難以啟齒的問題，透過網路線上商談，多半都能輕鬆解決。**方法非常簡單，只需如圖6所示，事先在資料上列出你想了解的問題，然後用分享螢幕的方式呈現即可**。這個機制類似我們先前所介紹，請教他人個人資訊時所使用的空白表格。

舉例來說，假設你想了解下一期的專案預算，可以在資料中列出以「專案預算是多少？」為標題的空白欄位。

若想了解現行主要執行人員，是否會繼續參與下一期專案，也同樣可以在資料中附加一句「有哪些成員？」進行確認。

對方看到這些問題，多半會主動提供更多資訊，比如「由於敝公司主要業務收益下滑，財務收緊，預算可能會減少。」、「中田、小野與中村將和去年度一樣，繼續留任，此外還有稻垣與宮本，會在下一期加入我們的團隊。」

圖 6　■ 資料中預留空白詢問問題

今日請教事宜

· 專案預算？

· 下一期成員？

如果對簡短的條列式提問有所顧慮，也可以使用完整的疑問句，比如「下一期預算是否和本年度一樣？」讓語意清楚。

得到回覆後，建議以口頭回應「了解，所以預算可能會減少。那我們報價的部分，也勢必要重新衡量」，同時將這些重點記錄於空白處。

如此在螢幕上做記錄，不僅能讓對方在商談時一邊統整自己的談話內容，還能減少彼此資訊不一致的情況發生。

閱讀至此，或許有人不禁懷疑，這個方法真的有用嗎？

先前我們也曾稍微提到，實際上人們有一種「看到空白就想填滿」的習性，這

一點在「格式塔法則」（Gestalt principles）的心理學理論中已獲得證實。

實際測試後，你會驚訝的發現對方比想像中的更願意回答問題。

這種方法尤其適合口拙或害羞的人，因為即使不善於言談，透過分享螢幕，就能掌握商談的主導權。

這份空白表格，不用三分鐘就能完成。請務必試試看。

POINT

透過螢幕提問，
會比面對面時更容易詢問一些敏感話題。

18

利用「短暫沉默」引誘客戶表達真實想法

在線上商談中，有時會出現與會者同時出聲，接著相互道歉「不好意思」，再彼此禮讓發言權「你先請」的狀況。尤其在初次會面或剛認識不久的情況下，氣氛不禁變得尷尬，於是雙雙陷入沉默……。如果發展到這個地步，商談去向將籠罩在一片烏雲底下。

讀者中，說不定也有人無法忍受線上商談中的沉默，相信可能有不少人甚至因此對線上商談本身產生抗拒。

然而，線上商談中的沉默，不但只需要簡單幾句話就能輕鬆化解，善加利用，說不定還能成為引誘客戶主動發言的大好機會。舉例來說，各位不妨學會底下這句神奇話術。

「我猜○○跟我要講的可能是同一件事，所以○○你先請。」

只要說出這句話，對方大多不會感到不快，反而能坦然接受說話者的好意，率先發言。

在商談中，通常會希望客戶先開口，藉以多了解對方心中作何打算。尤其不善言辭的人，不妨多利用這句話。

雖然在商談中應盡可能避免沉默的場面，但刻意將沉默當作一種武器，也有可能讓你在對談中占上風。

舉例來說，當雙方相互刺探，猜測彼此的意圖，對方卻始終不願開口時，保持短暫的沉默也是一種策略。

「○○，你覺得呢？」問完問題後，不妨靜待數秒鐘的「空檔」。接著你會發現，對方經常會因為無法忍受這段「空檔」而主動開口：「喔、是。實際上……」。

另外，當對方注意力不集中，或是理解力還沒跟上，雙方的應答文不對題時，不妨故意沉默一段時間，讓對方整理思緒。

此外，沉默還有助於提高對方的期待感。

「他為什麼不說話？」、「他接下來要說什麼？」不知不覺中，對發言者接下來要說的內容產生莫大興趣。

《比對話更關鍵的留白溝通術》（谷原誠著，臺灣中文版由商周出版）一書中指出，蘋果已故CEO史蒂芬・賈伯斯在iPhone的首次發表會上，曾經沉默了七秒鐘。這七秒的「沉默」，無疑大大升高了聽眾們的期待。

然而，在線上溝通中，短短的兩、三秒就足以讓人感覺十分漫長。因此，如果是特意保持沉默，建議以三秒鐘為限。

POINT

與其害怕沉默，
不如善用沉默的力量，引導商談走向成功。

19

對方說話時，要適時給予多變的短回應

線上溝通尤為重要的一點，是給予講者適當的回應。線上溝通時，由於雙方並不在彼此身邊，所以對講者而言，他無法真實感受到，聽者是否真的有聽見自己所說的話。

因此，在缺乏聽者回應的情況下，溝通本身會變得非常困難。**相反的，講者如果能得到聽者確實的回應，比如「沒錯」、「原來如此」、「的確是」，表明聽者相當認真聆聽，將有助於講者談話更得心應手。**

然而，一直使用相同的回應，反而會讓講者不禁擔心「他是否真的有在聽」，因此建議盡量增加回應的變化，不要總是使用相同的語句。

突然要求人增加回應的變化組合，相信大多數人一時間也摸不著頭緒。不過如果能熟記並應用以下的範例，一定有助於增加各位給予講者的回饋反應。

舉例來說，各位知道日文五十音中的「さ」行，就能組成一套六句經典的稱讚語句嗎？

さ：「真不愧是……」（さすが）

し：「我不知道耶（你講了我才懂）。」（知らなかったです）
し：「太強了！」（実力ですね）
す：「太厲害了。」（すごいですね）
せ：「眼光真好。」（センスいいですね）
そ：「那很讚耶！」（それ、いいですね）

類似的例子，還包括五十音中「あ」行的客氣用語。

あ：「謝謝。」（ありがとうございます）
い：「您客氣了。」（いえいえ）
う：「運氣不好／運氣真好。」（運が悪かった／よかったですね）
え：「無緣吧／好有緣。」（縁がなかった／ありましたね）
お：「託福。」（おかげさまで）

增加給予講者回應的詞彙，一起擺脫單調的溝通吧！

此外，口頭上的回應，除了有表達「聽者正在認真聆聽」的意思以外，還具有提振講者心情的功效在。尤其當講者努力演說後，聽眾若能簡短的回應一聲「原來如此」、「說得真好」，會有很大的幫助。可以讓講者心情愉快，願意進一步分享。

相反的，若是長篇大論的發表感言：「我一直對貴公司老闆別具慧眼深感欽佩，想必是平日廣泛匯集資料的累積，所帶來的成果。」反而會讓講者感覺發言受到干擾，心生不悅。

商談中，簡短積極的回應，更有助於讓對方願意與我們深談。

POINT

除了本書中提到的例句以外，如果發現其他不錯的應對回應，建議記錄下來。

20

多用對方熟悉的「行話」，能拉近距離感

＊譯注：日文的蝦子（エビ）發音近似evi。

相較於實體溝通，線上溝通另一個特徵是更難就問題點進一步追問。由於不易即時打斷對方談話，使得聽者難以開口提問，比如「請問剛才說的某某部分是什麼意思？」、「請問你這一段內容的目的是什麼？」，可能因此無法理解談話內容，因而失去認真聽講的念頭，注意力不集中。

各位要時時提醒自己，避免使用艱澀文字或對方不熟悉的語句。

特別要留意英文單字的使用，諸如：「consensus」（共識）、「evidence」（數據事實）這些英文單字，是業界特有的說法，屬於一種專業術語。即使是自家公司內部的常用字，客戶也不見得聽得懂，各位應避免使用對方可能不了解的詞彙。

此外，「盡快」或「今天之內」這種語意籠統的用詞，容易產生曲解或誤會，進而造成錯誤，所以也應極力避免使用。

例如，每個人對「盡快」的解讀截然不同，可能是十分鐘以內，也可能長達一週。「今天之內」的表達也是同樣道理。如果一個人認為「今天之內」意指「今天下班以前」，他的時間點大概會抓在十七時左右，但對「日期變更以前」都算在「今天之內」的人來說，二十三時五十九分才是最後期限。由此可見，人們對「今天之內」的解讀，相差足足七個小時。

人們在指定期限時，出於對對方的體貼，經常使用模糊的表達方式，但這種貼心舉動，反而可能讓對方感到困惑，甚至給自己帶來麻煩。所以建議各位養成習慣，當商談對象語意含糊不清時，一定要再三確認他真正的意思。

相反的，我們會建議各位積極採用客戶公司的內部用語。

舉例來說，假設貿易往來公司的人事部門慣用「人力管理」一詞，但自家公司習慣以「人員管理」來表示相同語意。在這種情況下，與對方溝通時，建議配合他們平時的慣用語，使用「人力管理」，不僅可避免對方對不同字的不適應，亦有助於增強他們對談話內容的理解和專注。

此外，使用對方公司內部用語，還能培養彼此的友誼，讓人產生一種「可以對這個人暢所欲言」的安全感。

例如，假設某合作公司習慣以日文羅馬拼音的第一個字母來稱呼職位，比如將代理課長（日文音：kacho dairi）簡稱為「ＫＤ」。當你無意中發現客戶使用這種獨特用語時，不妨也積極模仿他們的說法，像是「山田ＫＤ今天休假嗎？」，營造一種關係更親近的印象。

POINT

隨時提高警覺，
留意並學習客戶的常用詞彙。

21

講解資料時，務必留意對方的神情和回應

你是否曾遇過業務員自顧自的一直說下去，內容卻百般無聊，因而倍感困惑？

此時，如果是實體商談，透過眼神的游移、頻繁看錶或時鐘的動作，可以讓對方察覺自己對這個話題不感興趣。

然而，同樣場景搬到線上時，即使你一副興致缺缺的模樣，對方依舊一股腦兒說下去，這樣的情況並不罕見。如同我們在前文所提，這是因為線上很難感受到對方的情緒或現場氣氛的緣故。

如果是自己被迫聽別人講有的沒的那倒還好，但如果立場反過來呢？你在不知不覺間一味的說著對方不想聽的話……。

如此一想，我們就應該要隨時確認自己在發表提案時，是否只是單方面的進行陳述。在發表期間，建議持續觀察對方的反應，據此進行微調，直到完成所有預定的提案報告。

確認的方法很簡單。

在線上商談中，通常是透過分享螢幕來進行交談，因此不妨在每一張投影片後面，向所有人確認「這部分有沒有什麼問題」。我們會如此建議是因為，當商談持續一段時間後，如果突然有人提問「開頭有個地方不太清楚」，就必須一頁頁的翻回去，十分麻煩。

如果在與其他人確認「以上部分，〇〇有什麼想法嗎？」時能得到回應，比如「××的部分很不錯，不過我還想進一步了解△△這塊」等意見，真可謂正中下懷。此時不妨也積極回覆：「這部分稍後會有詳細說明，敬請期待。」「這部分會後我再寄發補充資料給您。」

總之，單方面永無止盡的發表提案，是最不可取的作法，誠心建議時時留意對方在聽講時的反應。

另外，在發表時，通常會專注在自己的談話內容，無暇顧及留意對方的表情。所以建議在每張投影片說明完畢後，詢問聽者有無問題的時候，習慣性的仔細觀察對方的神情。

如果各位對資料講解非常熟練，可以一邊說明，同時仔細觀察客戶臉色，那自然是再好不過。如果你發現視訊中的聽眾，視線沒有看向螢幕，或是皺著眉頭，建議趁早轉移話題；如果對方興味盎然的專注在螢幕上，那表示你可以大膽的繼續談話下去。

假設對方關閉視訊鏡頭，建議留意對方的語調及回應次數。具體來說，如果對方的聲調明顯平板無力或回應次數減少，建議先試著與對方打個招呼，表示關切。

POINT

關注他人的態度，有益於完成優質的發表。

22

鏡頭下的臉是否夠亮，也影響成交率！

圖 7　■ 有無照明的螢幕顯示，差異如此之大。

雖然唐突，但請見圖 7 照片。左右這兩位先生，你比較想跟誰買東西？相信大多數人都會回答「右邊那位」。

照片中的人物其實是同一人，在同一天，用同一台相機所拍攝的照片，唯一差異僅在於亮度。如此，各位是否能體會，室內亮度及照明，對影像呈現的影響有多大了呢？

尤其在商談會上，臉部如果模糊不清，會給人留下陰沉的印象。所以，為了創造光明正大且爽朗的形象，重點在於在螢幕上呈現猶如在太陽光底下般的明亮影像。

在此，我們將介紹兩個重點，可以讓各位不用花錢，就能確保自己在螢幕上留下良好印象。

❶ 不要背對著坐在窗邊

重點一，避免以窗戶為背景，以防逆光。如果在靠近窗戶的地方進行線上商談，請坐在窗戶對面的位置。如果必須背對著窗戶而坐，建議下點工夫，比如拉上窗簾，點亮檯燈。

有些人為了準備線上會議，特意添購高價的攝影機，但再精密的相機，遇上逆光也於事無補。

總之，請牢記一點，光源必須在自己的前方，不要讓自己背對著光。

❷ 留意照明位置

不僅窗戶光線，照明的位置也很重要。時常遠端工作的朋友，建議拿張椅子，在室內各個不同位置試坐，找出自己在天花板照明之下，看上去最明亮的定點。

此外，另一個重點是善用檯燈或立燈等照明設備。家中若無上述設備，也能利

用淘汰下來的智慧型手機。開啟智慧型手機的手電筒功能，無須檯燈，即可照亮臉部。家中如有多餘的舊型號，或許可將之架設在三腳架上，做為線上商談或開會時的燈光照明。

此外，Windows 系統的電腦可以調整內建相機的亮度，Zoom 亦具有「低照明設定」功能，可改善照明。不妨多加善用這些好用的功能。

POINT

許多男性並不特別在意自己在螢幕上呈現的模樣，但在線上商談時，建議多注意自己臉部的明暗亮度。

23

減少背景的雜訊，提高對方的注意力

線上商談中，意外令人在意的地方是「背景」。

採用何種背景因人而異，有的人直接以居家室內為背景，也有人使用虛擬背景，但**基本上最理想的是以無花紋的白牆（如果白牆有難度，盡量無花紋）為背景，且無任何擺設。任何其他背景，都有可能分散對方的注意力。**

例如，在辦公室等有其他人在場的空間參加會議時，若有人從你身後經過，其他與會者可能會分心「那個人是誰？」，而錯失你們在那段期間的談話。

此外，如果對方看得見辦公室的模樣，很可能出現各種狀況。比方說，與A銀行商談，你的背後卻張貼著B銀行的日曆；與C廠商開會討論，你的背後卻擺了一台勁敵D公司的家電產品。

面對這些情況，相信很少有人會當面指謫，但對方心情肯定不美麗。在這種情況下，也很難專注於商談。

在自家連線進行線上商談也是同樣情況，假如在螢幕上映照出自家客廳模樣，出現與工作無關的多餘畫作或擺飾，這些都會映入其他與會者的眼簾，分散他們的注意力。

因此，線上商談時，畫面上盡量不要出現不必要的訊息，方為上策，也就是背景應避免擺設任何物品。

這個道理也同樣適用在虛擬背景。

如果採用一個虛擬的時尚咖啡廳為背景，對方可能會分心「這種室內設計好棒」，如果是美麗的風景照，他可能會好奇「這是哪裡？」。儘管時間短暫，注意力也會被吸引到背景上。換句話說，在那段期間，對方並沒有在聽講者說話。

所以，**使用虛擬背景時，也應選擇無圖案的白色背景**。

順帶一提，白色也是讓表情最顯亮的背景顏色。坐在白牆前或使用白色虛擬背景，都有助於我們在線上的外表呈現。

順帶一提，架設相機的高度，對改善良好印象也很重要。

謹記一點：相機高度應與自己的視線齊平。因為鏡頭位置如果低於視線水平，在對方看來，會覺得螢幕上的人是從上往下俯視。

使用筆記型電腦時，不妨在下方墊個筆電架、書本或紙箱，架高相機的位置，就能讓視線與相機平行。或者，也能調整椅子的高度，總之請多方嘗試。

此外，相機如果高於視線，無法與螢幕另一端的人平視，還是可能留下不好的印象。

POINT

隨時留意自己在他人眼中所呈現的模樣。

24

線上商談，穿著打扮是愈正式愈好嗎？

昔日，不論男女，商業往來只要穿上正式服裝，大致上不論遇到什麼場合，都能安然度過。

然而，隨著網路時代的到來，這種價值觀卻在轉眼間崩壞。工作服飾變得更多元，從休閒服飾到西裝筆挺，都有可能出現在螢幕上。

我們認為「線上儀容，重點在於ＢＮＮ」。ＢＮＮ是日文「**融入場面**」的縮寫。也就是說，線上儀容最重要的是「融入會場」。所有與會人士都是輕鬆打扮，唯獨自己穿西裝打領帶，不僅顯得格格不入，也會讓其他人產生疏離感。

相反的，客戶人人正裝出席，唯有你穿著圓領上衣，自然也有問題。當然，畢竟是商務場合，睡衣或家居服絕對不合宜。

各位知道，做出與對方相同的動作，有助於建立信賴關係（rapport）嗎？舉例來說，如果對方拿著筆，而你手中也正好握著筆，會讓他不自覺的放下戒心。**研究發現，服裝也有相同的效果。與對方做類似的打扮，會讓對方對你產生親切感。**

在線上溝通的時代，不妨記住一點：選擇服裝的基本原則是「配合對方」。穿著與對方類似的服裝，可以拉近雙方的距離。

客戶如果穿西裝打領帶，自己也同樣以正裝出席；客戶如果是休閒打扮，自己也同樣跟進。

不過，第一次開會時，通常還不清楚對方會如何穿著，所以建議選擇正式一點的服裝（比如套上西裝外套，但不繫領帶），比較保險。

不過，一身正式服裝，搭配充滿居家生活感的客廳為背景，總令人感覺突兀。為了避免發生這種情況，不妨如前面所提，坐在白牆面前，或善用白色的虛擬背景。

此外，使用白色虛擬背景時，請避開白色系上衣。

原因是，如果在設置白色背景的情況下，不披外套只穿白色上衣，上衣會與背景融為一體，看上去彷彿只有一顆頭飄浮在半空中。

即使不是白色，只要衣服與背景顏色相同，都會使衣服與背景融為一體。為了避免這方面的失誤，建議在商談開始前，先開啟鏡頭，進行測試。

如果只是「臉看上去像飄浮在半空中」，或許能當笑話一則來看待，但衣服與背景融為一體，恐阻礙肢體語言的表現，造成實際傷害。提案發表時，聽眾如果看不見肢體動作，就只能從聽覺取得資訊，這會導致對方接收到的訊息大幅縮減。

順帶一提，一般尤其推薦藍色系上衣。以白色為背景時，藍色襯衫十分亮眼，不分男女，都會令人感覺清爽，留下良好印象。

此外，藍色據稱是有助於人們保持專注的顏色。所以在線上發表時，如果希望聽眾更加認真聆聽內容，不妨穿藍色系衣服。

POINT

建議事先將服裝分成三類：
正式、休閒及介於兩者之間。

25

素顏感覺
沒精神怎麼辦？
兩招給你好氣色

我們在上一節提到，線上服裝必須以「融入場面」為基準，那麼化妝又該如何處理？

如果在家不想化妝，或覺得「討論會才短短幾分鐘，特地化妝好麻煩」，不化妝也無妨。不過，隔著螢幕，顯示不出細微的膚色，看上去可能會氣色不佳。

此外，建議不要「因為沒化妝，所以不想開鏡頭」。每個人都應該要做好準備，讓自己出現在螢幕上。

在化妝方面，我們通常會建議：**「如果覺得全妝太麻煩，只需上唇彩、眉毛及腮紅。」**

雖說如此，化妝仍然是一件麻煩的事。**「因為很麻煩，所以不想化妝，但又不想展示沒化妝的模樣，所以不想開啓鏡頭。」這樣想的朋友，不妨借用科技的力量，讓自己看上去有化妝。**

例如，Zoom 設有「視訊濾鏡」功能，可以讓人在螢幕上看起來宛如上了妝。這項功能非常完善，呈現的美妝特效比想像的更自然。

設定方法很簡單。點按「視訊開始」右上方的「︿」標籤（❶）。接著點選「選

圖 8 ■ Zoom的視訊濾鏡功能

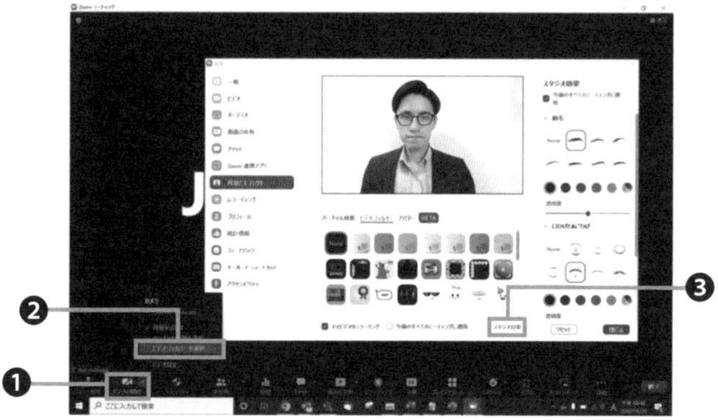

擇視訊濾鏡」（❷），最後點按「攝影棚特效」（❸）即可完成。

除此以外，還有多種「玩美相機」等付費應用程式，可以添加眼影、刷長睫毛等效果。

有些人基於安全考量，可能無法下載這些應用程式。不過有興趣的朋友，不妨一試。

線上商談需要注意的另一個重點是髮型，但這並非意指非得梳整某種特定髮型不可。

試想，各位在線上商談時，會在螢幕上看見自己。所以，時常有人在商談中注意到自己的髮型，而不斷撥弄瀏海。

頻繁撥弄頭髮的動作，不但會讓當事人分心，在他人眼中看來，也會覺得這個人根本沒有在聽講，讓人留下「這個人好像心不在焉」的不良印象，甚至可能因而損害自己的信譽。

如果你會因為在意髮型而忍不住撥弄頭髮，建議在會議開始前，梳整完畢。

POINT

視訊螢幕的美妝特效功能相當完善，不妨先從公司內部會議開始試用看看。

26

線上展示資料，精簡+條列式最好懂

線上會議顯示的資料，最大特徵在於，大家會使用各種尺寸的螢幕觀看，比如電腦、平板，甚至是智慧型手機也不無可能。

如果螢幕夠大，即使字小，閱讀也不成問題，但如果是智慧型手機等小型螢幕，文字排列太過密集的資料，會讓人頓時失去閱讀的興致。

換言之，製作線上會議資料的重點在於：「減少字數」。

畢竟，線上會議或商談中展示的資料並不是為了讓人慢慢閱讀所準備，而是為了讓討論能順利向前推進的素材。在此有一個最大的前提是，線上資料並不是用來在會議中分析具體數字，或是閱讀冗長的報告。若有資料希望與會人士過目，建議提前分發，而且在會議或商談時，無須帶領眾人一起導讀檢視。

有些人認為「先發送資料，就會洩漏內容，當天大家可能不會認真聽講」。但如果因事先公布內容，導致會議上發表的意見或演說被人忽視，這表示提案本身缺乏內涵或不夠吸引人。

那麼，適當的字數又是多少？

答案是每張投影片字數上限為一百字。以條列式計算，相當於四到六行的文字

圖 9 ■ 投影片的理想字數（範例）

製作簡報的黃金法則

① 每張投影片不超過100字
② 每張顏色不超過三種（文字採用深灰色）
③ 字體不小於24pt
④ 標題字體大小 應為正文的1.5～2倍
⑤ 基本上採用條列式寫法（無需使用敬語）

量。或許有人會覺得字數太少，但將投影片上的資訊量控制在這個範圍內，反而有助於實質討論的進展。

如果一心想製作內容豐富的資料，讓對方了解全貌，會忍不住愈寫愈詳細。然而，投影片原本就不是用來讓人閱讀資料的工具。所以投影片的製作，應該要讓人一目瞭然，一看就知道當下要討論什麼話題。

換句話說，刪除敬語等不必要的贅字，以條列式書寫，是投影片的基本原則。

此外，製作投影片的另一個重點

是放大字體。

有些人會使用10.5pt的預設字體，但這是適合印刷在紙張上的尺寸，投影在螢幕上觀看時，字會非常小。

製作線上投影片時，建議手動設定，使用24至36pt的字體大小。在此範圍內製作資料，字數自然會減少。

此外，在每張投影片中，在標題與正文之間選定不同的字體大小時，建議留意「字體大小對比」的比例，會讓內容看起來更清晰。**訣竅是以相差一・五～二倍的對比來設定，比如正文如果設定為24pt，標題可設定為48pt**（或36pt）。

POINT

線上資料與紙本資料，應視為兩種不同的東西。

27

三個小細節，讓對方順順看完不喊累

誠如前文所提，各位在編寫線上商談或會議的資料時，應隨時提醒自己**「與會人士是透過螢幕查看資料」**。相較於印刷品或使用投影設備展示的資料，透過螢幕查看資料，對眼睛負擔更大，所以在製作資料時，應盡量避免造成觀看者視覺上的疲勞。

那麼，在製作線上資料時，有哪些技巧可有效減輕眼睛負擔呢？

❶ 將主要文字設定為深灰色

首先需要修改的部分是文字顏色。

相信許多人都認為，資料中的主要文字必須是「黑色濃度一〇〇％」，也就是字體必須全黑。然而，這是文字印刷在紙張時的情況。

各位知道嗎？其實螢幕分享的資料，使用非全黑字體，反而更容易閱讀。因為在電腦顯示器或手機螢幕上，全黑字體與白色背景的對比太高，容易造成眼睛疲勞。

建議將黑色濃度調降至八〇至九〇％左右，使其接近深灰色，更為恰當。

❷ 顏色不超過三種

此外，如果一頁上出現紅、黃、藍、綠等太多顏色，會令人眼花撩亂，這也是使資料變得難以閱讀的原因之一。淺色系或許還沒那麼糟，但如果使用太多高飽和度的顏色，不僅不易閱讀，也會使眼睛疲勞。

請牢記，顏色基本上以三種為限。

在顏色組合方面，我們推薦綠色、藍色與深灰色（即上述八〇至九〇％的黑色濃度）**這三色**。

其中，使用藍色有助於提高注意力。據說在田徑場上，藍色跑道最能有效提高運動員的表現。綠色則有令人安心的效果。而且，這兩種顏色都存在於大自然中。

另外，製作資料時，有時也會根據客戶及自家公司的企業色來選色。這樣的方式本身沒有問題，但如果企業色較為鮮豔，建議稍微降低飽和度，以便減輕觀眾的眼睛負擔。

❸ 盡量少用動畫

許多製作資料的軟體都附有各種美圖功能。只要學會如何使用，人們就很容易興起動用的念頭。實際上，很久以前也確實流行使用動畫，來增添發表時的趣味，吸引人們的目光。

然而，雖然在以一對多的演講資料中使用動畫，問題尚且不大，但如果在一般商談或會議資料濫用動畫效果，反而會使畫面雜亂無章，失去重點，而且資訊太多，也會增加觀眾視覺及大腦的疲乏。

此外，如果網路連線不順，動畫效果變慢，反而會讓人覺得出包，留下不好的印象。基本上，線上商談的資料最好避免使用動畫。如果堅決要使用，每張投影片盡量以一次為限。

POINT

線上分享的資料畫面愈簡潔愈好。

線上商談，人數愈多講話就要愈快？

經常有人會詢問，在線上發言時，講話速度應該要放慢，還是加快為好？

就結論來看，答案是「以帶著節奏的輕快語速說話」。當然，如果對象是年長者或缺乏線上商談經驗，或許另當別論，但除了這些特殊情況以外，基本上大眾偏好快速接收大量資訊。

因為當今這個時代，網路新聞和社群媒體上存在源源不絕的大量資訊，還有無窮無盡的訂閱節目和免費影片，所以許多人在觀看YouTube影片時，時常以一・五倍或二倍的速度觀看。

線上商談也是同樣情況。尤其當講者單方面進行講解或發表時，與會人士是以類似看影片的心情在觀看，因此緩慢的語速容易令人乏味。**所以建議用稍快的語速傳達訊息，盡早將接力棒交接給下一位**。

不過，加快語速，相對的口齒便難以清晰。此時更需要張大嘴巴，流利且清楚的表達語意。正式上場前，不妨做三次「啊、咿、嗚」的發音練習，做口腔運動。

順帶一提，當與會人數愈多，加快語速，會使會議更有效益。人們對資訊的需求各有不同，所以為了避免讓聽者不耐煩「怎麼講的都不是我想知道的事」，請牢記一點：當你在面對六名客戶時，語速應該要比面對兩名客戶時更快一些。

我們建議加快語速，還有另一個理由。

因為，加快語速可以刺激聽眾產生「必須專注，以免聽漏」的危機感，吸引對方的注意力，專注聆聽。

雖說如此，一直聽著略快的語速，也會令人疲憊。所以在提及重要的關鍵字時，不妨停頓片刻，再接著說下去「其實……」，藉以加深人們的印象。請試著留意這種語速間的輕重緩急，各位或許會有不同的新發現。

第 3 章

超溫暖線上交流，有技巧

七個細節，消除線上隔閡感，聊天更有溫度

進公司後，從沒去過辦公室，也從未與主管或前輩同事當面問候交流，更沒有機會親自拜訪新客戶。

這幾年，相信許多人都是類似的情況。

說不定，有人認為「只在線上交流，無法建立深厚的人際關係」。

確實，「本公司的新進員工，進公司後只來過辦公室幾次，還沒有與同事或主管建立良好的人際關係。」這樣的情況時有所聞。

當然，相較於每天在辦公室共處，僅在線上交流，確實很難彼此親近。但根據我們實際的經驗，只要掌握訣竅，在線上也能充分建立信任關係，加深彼此的交情。

「至今從未在線上與他人建立人際關係」的朋友，或許是因為尚未掌握線上溝通特有的技巧與分寸。

正如我們一再強調，線上溝通與面對面溝通是截然不同的情況。即使嘗試以傳統方式建立關係，也有難以兼顧的地方。

本章中，我們將介紹一些方法，協助各位與偶爾見面的公司同事或素未謀面的客戶拉近距離，並贏得他們的信任。

28

想像自己是YouTuber，大聲在線上問好

線上會議的問候語，只要小聲說一句「您辛苦了」就夠了嗎？

你是否以為，只需要在與商業對象的商談中保持問候禮儀，因此在公司內部會議上，幾乎保持沉默……？說不定有人覺得這樣很有道理。

但其實，線上的問候，比實體會議中的問候更重要。當然，與人面對面的問候也十分重要，但由於遠端工作減少了人們交流的機會，相形之下，更凸顯出問候的重要性。

在日文中，問候一詞是由「挨拶」二個漢字組合而成。「挨」意指打開對方心防，「拶」的意思是貼近對方內心。換言之，在日文裡，問候是一種透過敞開自己心胸，促使對方也打開心扉，讓我們得以一步步接近其內心的積極作為。這意味著，在線上與人問候的親和力，攸關彼此建立關係的第一步。

尤其在線上會議，如果一開始就氣氛冷淡，通常大家會在沒有互動的情況下直奔主題。所以即使只有剛開始的短暫問候也好，若能因此提振現場氣氛，讓其他與會者留下充滿活力的印象，也有助於後續討論變得更活絡。

各位不妨以 YouTuber 做為參考對象。影片一開始，他們會非常有活力的對著鏡頭打招呼「哈囉，大家好！」。光是朝氣蓬勃的問候聲，便足以吸引人們的目光，接收問候的觀眾也會覺得神清氣爽。

對 YouTuber 來說，這個短暫問候的瞬間，正是讓人們決定「要不要在接下來的幾分鐘觀看這部影片」的重要關鍵。所以在此各位不妨理解為：這個道理也同樣能套用在線上會議。

此外，在公司內部會議——尤其是大型會議上，許多人入場時，完全不打一聲招呼，連鏡頭、麥克風都關著，默默的登入會議室，等到會議結束，再悄然登出。

本人或許沒有意識到自己的行為非常失禮，但對其他與會人員而言，這樣的行為不可能留下良好印象。**有時，即使主持人道早問安，也得不到任何回應。如果把同樣場景轉移到實體會議上，這就形同所有與會人員無視了台上主持人的問候。**

誠心建議，進入線上會議室後，起碼在問候的這一刻，正眼直視電腦的鏡頭，率先出聲問候「大家辛苦了」、「大家好」、「好久不見」。若是公司外部會議，也可以改說「承蒙照顧」致意。

即使隔著一道螢幕，眼睛直視鏡頭，依舊會讓人感覺你的視線與螢幕上的人員有所交流。當眾人開始討論時，視線會集中在螢幕的資料上，彼此眼神交流的情況自然會減少。因此建議**提醒自己：至少在問候時，盡量看著鏡頭，讓視線與眾人在線上交會**。

誠如以上，即使隔著螢幕，也實實在在的與他人問候道好，是在線上建立良好人際關係的第一步。

POINT

不論是線上或實體，都不忘問候禮儀，才能贏得他人的信任。

29

五個清晰溝通表達法，大幅增加信賴感

要在線上建立良好的人際關係，在表達方面需要多一些技巧和謹慎。如果採用實體方式進行溝通，礙於物理距離的限制，可能會增加誤解和溝通不良的發生。

在此介紹五種溝通技巧，幫助各位在線上建立良好的人際關係。

❶ 回絕時，附加替代方案

溝通第一式：回絕技巧。受人委託時，如果想回絕，即使只是當面簡單說句「沒辦法」，委託者看當事人說話時的模樣，多半能理解「他現在真的很忙」。然而，這種「因為忙碌而無能為力」的模樣，在線上無法順利傳達。所以如果同樣簡單回一句「沒辦法」，不可能讓人留下良好印象。

在線上回絕他人的請求時，建議同時提議替代方案，可以大幅緩和負面的印象。比如，「很抱歉，先前您的要求我無法處理，但建議您可以如此這般。」或是「我無法協助△△，但○○的部分，我可以盡一點棉薄之力。」「如果是修改××的部分，我或許幫得上忙。」

❷ 用一句話幫你免除提問時的尷尬

在線上無法仔細觀察對方的表情，所以詢問他人一些敏感問題時，我們很難判斷對方是否願意回答。再者，直接丟出問句：「是〇〇嗎？」，可能會讓對方覺得有壓力。

在這種情況下，「如果你不介意」這句話非常好用。用「如果你不介意」為開頭提問，可以很自然的同時傳達「如果你不想回答，可以不用理會」的語意。

❸ 別只說「有不懂的地方，儘管發問」

在工作上指導新進員工或後進同仁時，前輩經常脫口說出「有問題儘管發問！」，以表示親切。然而，同樣一句話出現在視訊中，可能會令對方感到困惑。因為「有問題」這句話的範圍太過廣泛，有些會讓人不知從何問起。

相對的，如果用更明確的方式，比如「電腦有不懂的地方，儘管發問」，或是「你對費用報銷如有任何問題，儘管提出」，**縮小範圍，明確指出問題的方向，更顯親切。**

❹ 養成「先說謝謝」的習慣

在線上溝通時，如果無法順利獲得情感的交流，容易令人感覺冷漠。為了防止這種情況發生，建議養成說「謝謝」的習慣。當你養成先說謝謝的習慣，即使聽到不中聽的話，也能即刻回應「多謝指教」，可以避免對話氣氛陷入僵局。

「感謝你的發言」、「謝謝你提供這麼棒的點子」、「感謝你立刻傳送資料過來」、「謝謝你的通知」等等，首先讓自己能夠反射性的表達感謝之意，是促進線上溝通順利進行的關鍵。

❺ 避免語意不清的指示

正如第二章所提，線上溝通時，應極力避免「語意不清」。

比如，「可以打擾一下嗎」這句話裡的「一下」。所謂的「一下」，對每個人來說，定義不盡相同。即使你的「一下」是十分鐘，對方的「一下」可能只有三分鐘。尤其當兩人分隔異地工作時，你看不見對方的情況，所以對這種感覺上的差異會變得更遲鈍。

因此，線上溝通時，具體傳達內容，比如「可以占用你十分鐘的時間嗎？」，會比「一下」的用詞更顯得體貼。

許多人常用的「再麻煩你了」，也是一個「語意不清」的用語，因為對方不知道自己到底被麻煩了什麼事。

建議各位務必加上具體的指示，比如「請在期限前回覆」、「請與○○聯絡」等等。

附帶一提，前述的第五個溝通技巧「避免語意不清的指示」，在傳達難以啟齒的事情時也一樣。

如果表達不清楚，對方會不知該如何是好。比方說，「我不是○○的負責人，關於○○的部分，請聯繫某某某，再麻煩你。」這個說法會比「我不負責○○，再麻煩你確認」更為明確。

或許有人會覺得，說得這麼白，很不禮貌。但如果不說清楚，可能會讓對方胡

思亂想「他那句話到底是什麼意思？」，反而占用對方的時間。

如果對方的解釋和你意圖表達的意思有所不同，可能會導致嚴重的錯誤。與其委婉客氣的含糊其辭，不如明確傳達指令，把內容交代清楚，最後反而更能贏得他人的信任。

POINT

「更具體的表達」是線上傳達訊息的不二法門。

30

刻意延續先前的話題，有效縮短距離感

雙方如果只有在線上交談，從未實際會面，要建立信賴關係並不容易。當然，若能面對面交談再好不過。然而，線上也有線上的作法。

簡言之，就是記住對方說過的話，並在日後找機會重溫話題。例如：

「上次會議中，A提到○○，所以我今天準備了相關資料來！」

「日前B在會議上提到想了解××，今天就容我進一步詳細解說。」

找機會將對方以前說過的話，重新帶入話題中。如此一來，或許能引起對方注意，讓對方實際感受到：「他有把我的話放在心上」，有益於增進對方對你的信任。

如果記不住對方的發言，不妨參考上一回的會議紀錄或隨手抄寫的筆記，從中找出關鍵字。

尤其建議留意對方在閒聊時分享的私事，若情況允許，甚至可以記錄在筆記上。接著，於日後會議閒聊時，視情況主動提及。例如：

「○○是某某縣人對吧？前幾天豪大雨，家人還好嗎？」

「令嫒考完了吧？還順利嗎？」

「令郎的足球比賽，結果如何？」

「你家狗還是那麼調皮搗蛋嗎？」

諸如此類的向對方表示關心，也是一種表達敬重的心意，有助於大幅縮短彼此的距離。

我們在第一章中也曾提過，建議提早在會議前五分鐘進入會議室，才有機會與他人閒聊一些與正題無關的話題。提早五分鐘入場，既能預防遲到的可能性，每次早到，還能夠把握機會多與其他人交流。這些對建立正面且友善的人際關係都十分有益。

商談時也是同樣道理。建議主動打招呼、報告近況，閒聊一陣後，再進入主題。尤其如果是多次往來的對象，不妨找機會重溫對方上次提及的話題，藉以進一步聯絡感情。

假設上次商談中，對方分享了自己跟孩子去滑雪。閒聊時可試著詢問：「上次你說跟小孩去滑雪，後來有再去哪裡滑嗎？」以這種方式，試著從舊話題衍生出新的交流。

如此一來，不用每次尋找新話題，也能確實拉近彼此的距離。重提對方分享過的日常瑣事，也能博得他的好感，對你的信任也勢必會大幅提升。

POINT

建議養成習慣，把對方在閒聊中分享的生活瑣事記錄下來。

31

多打字聊天交流，幫你打造線上好人緣

Slack、LINE Works、Teams、Webex等聊天工具，對在線上建立良好的人際關係非常有用，相信也有不少公司將之應用在內部的聯繫溝通上。

用不慣聊天工具的朋友，或許不禁疑惑：這些工具和電子郵件有何不同？

最大差異在於，聊天工具比電子郵件更輕鬆隨意且簡單。

比如，電子郵件通常會以「工作委託：〇〇」為標題，信中以「感謝您撥冗閱讀」或「長久以來承蒙關照」等客套話為開頭，再撰寫長文，表明來意。

然而，在聊天工具中，基本上不太需要上述的客套話。傳訊時直接進入正題也無傷大雅，比如，「之前我們討論的內容，結果如何？」、「上次提到〇〇，您確認過了嗎？」。

使用聊天工具，也無須像電子郵件標明收件人或寄件人的名字。習慣電子郵件的人，或許會不自覺的寫下「〇〇好，感謝您撥冗閱讀」，但在一對一的聊天中，這是不必要的。

那麼，使用聊天工具時，我們又該如何溝通？

首先，建議各位不妨嘗試簡短的交談，就像在辦公室與同事站著閒聊那樣。

以前進辦公室打卡上班時，同事彼此時常當面交換意見，確認工作細節，分享訊息或閒聊。比方說，「上次那個案件，談得怎樣？」、「昨天日本國家足球隊比賽你看了沒？」、「今天中午一起吃嗎？」。然而，在遠端工作中，這些細微的溝通大幅減少。聊天工具的設計，原本就是預定用來輔助溝通的道具。

這些聊天乍看之下彷彿徒勞的行為，但透過短暫的閒聊，分享資訊，不僅可維繫同事彼此的感情，下次實際面對面時，也能延續自然的溝通互動。

聊天工具另一個值得推薦的用途，就是即時尋求協助，解決問題或煩惱。

遠端工作不像在辦公室，即使遇到問題，也無法拍拍別人的肩膀：「我有一個問題可以請教你嗎？」輕易的找人求助。即使想打電話，但因不清楚對方當下的情況，不免心存猶豫：「現在聯繫，會不會打擾到人家？」

然而，獨自一人左思右想「這樣不對，那樣也不對」，才真的是浪費時間。有任何煩惱，儘管在聊天室中丟出訊息詢問。

在得到回應之前，可以專心處理其他工作。

我們在群組裡，還專門設置一個「煩惱諮商室」，有空的人都可以任意回答諮商室裡的問題。

如果不知道答案或都沒有人回答，建議適時表明「不清楚」。得不到任何回應，提問者難免覺得孤單，以為被人忽視。這也是線上溝通的細節之一。

POINT

聊天室可以做各種靈活運用，建議找出最適合自己的使用方法。

32

在網路打字聊天，貼圖和表情符號超重要！

聊天室有一項功能，請各位務必多加利用。

那就是「表情符號」。各位知道聊天室附有各種形形色色的表情符號嗎？例如，微軟 Office 研發的應用程式 Teams，就網羅了豐富的表情符號。既然微軟 Office 是專為商業用途設計的工具，為什麼還會預設這麼多的表情符號？

因為即使屬於同一團隊，分開工作時，成員們也很難達成情感上的交流。比如，短短的「了解」二字，我們無法從中得知，對方在打字時的心思為何。收到回覆的人，看著這平淡無奇的短訊，也可能不禁胡思亂想：「他是不是在生氣，怪我丟給他額外的工作？」

但是，如果在「了解」後面加上 OK 手勢的表情符號呢？至少，這個表情符號傳達了回訊者沒有生氣或被冒犯的訊息。

以前曾聽客戶分享，某新進員工因受不了前輩在聊天室中的用字遣詞，精神受創，不得不請病假療養。我們猜測，可能不是受前輩的語言霸凌，而是因為缺乏情感交流，新進員工多心猜忌所引起的誤會。

總之，在聊天工具中，職位愈高的人，應更有自覺的善用表情符號。因為地位愈高，說話就愈帶有分量。對部屬而言，光是「請完成這項任務」這句話，就令人備感壓力。表情符號可有效減緩其中的強勢威力。

閱讀至此，許多人可能心想：「讓主管傳訊息給部屬時，加表情符號？不可能！」、「部長傳笑臉符號，年輕一輩不會覺得他很幼稚嗎？」然而，無關年齡世代，每個人都應該努力正確傳達自己的情緒。

相反的，如果年輕人不確定是否適合對主管使用表情符號，可以事先尋求他們的意見，比如，「部長，您對在聊天時使用表情符號，有何看法嗎？我最近聽說其他公司會使用表情符號，我個人是認為溝通上會更圓融。」如果主管表示不行，不要用就好。

切勿擅自認定「我們的部長不屬於表情符號世代，還是不要對他們用比較安全」。在團隊裡明確指示，「可以用」或「歡迎使用」，如此每個人方能放心使用。

根據我們以前的調查顯示，二三・七%的人認為「沒有表情符號，會感受不到對方的情緒」，另外只有五・一%的人表示「表情符號太多，令人厭煩」。**當兩人之間存在物理上的距離時，表情符號是目前我們唯一得以表達情緒的工具。可以輕**

鬆傳達情感的表情符號，其實是最強大的溝通工具。

儘管如此，許多人——特別是年長男性，多半不願在工作場合使用表情符號。的確，愛心或音符等符號不太適合用在商業場合；致歉的文章最後加上吐舌的笑臉符號，也有失莊重，讓人懷疑是否真心反省。

所以，針對年長男性，我們建議不妨善用豎起大拇指（表示沒問題、讚）、比剪刀（表示順利、好）或拍手等手勢符號及各種臉部的表情符號。

具體而言，使用 Zoom 等軟體中所提供的表情符號，基本上不會有太大問題。如果不確定該用什麼表情符號，不妨以此為參考。

POINT

表情符號是團隊遠距工作時，維繫或增進彼此關係的潤滑劑。

33

適時用電話傳達真實情緒，讓溝通更圓融

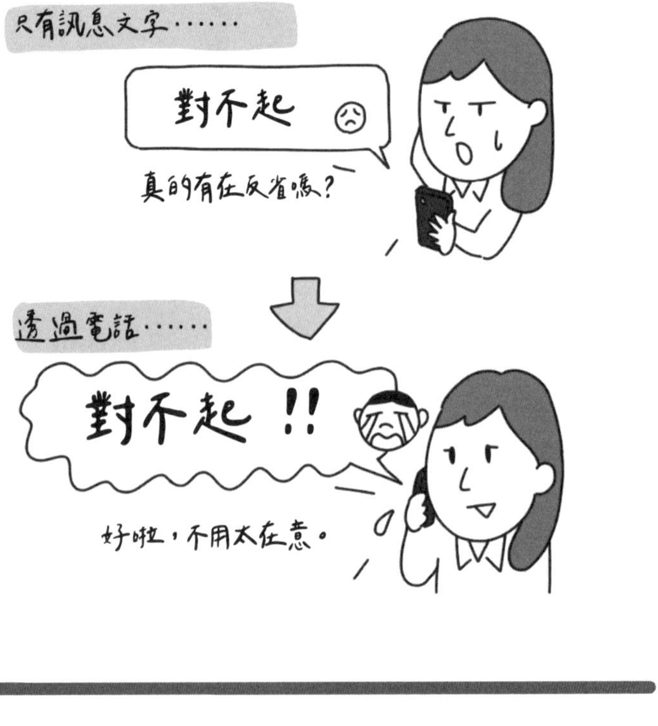

前文中，為了在遠端工作中建立良好的人際關係，我們一直在推廣善用聊天工具，但這並不代表所有事情都適合透過聊天工具來與人溝通。

舉例來說，**在向人致歉或表達謝意時，建議使用電話**。

「真的非常抱歉，因為我的疏失，造成您的困擾。」

「多虧您的協助，我受益良多。萬分感謝。」

因為在電話中，透過語氣或「停頓」，可以傳達聊天工具無法表述的情緒。比起使用「謝謝」的表情符號來表達感謝之意，透過電話親口說出「你真的幫了我很大的忙，謝謝你」，更能傳達感激之情。

明確表達「對不起」和「謝謝」，不僅可以表現一個人的誠懇，也是與對方建立信任關係的機會。

說起電話，容易給人一種老派的印象，但電話在與遠方聯繫，建立良好人際關係上，仍舊是一個非常有用的工具。

電話的用處，不僅限於道歉和致謝。

比如，線上會議結束後，有些人可能意見未被採納，或在會上表達反對意見，此時電話也可以協助你與這些人進一步協調溝通。

線上會議在討論結束後，大家通常會立即離線，但如此一來，當事人心中可能還留著疙瘩。

所以會議結束後，建議立刻打電話給對方，製造一對一談話的機會。

「看來這次會往與○○你的意見全然不同的方向進展。不過這是大家一起決定的事，希望你也能和我們一起努力。」勸慰對方，緩解他的情緒。這通電話的有無，會在日後的士氣上出現明顯差異。

透過電話親耳聽到這句話，與藉由聊天室文字的傳達，相信兩者所留下的印象截然不同。

當大家聚集在會議室開會時，會議結束後，我們或許也曾在走廊或電梯大廳做過同樣的事。電話的勸慰與當面安慰這兩者的作用是一樣的。

近年來，有愈來愈多人——尤其是年輕族群，說自己「不喜歡講電話」。然而單靠文字，難以傳達一個人的心情和本性，卻也是不爭的事實。

平日工作時常與團隊成員分隔兩地的朋友，請務必多利用電話來進行溝通，確保訊息順暢傳達。

POINT

善用電話，
使團隊關係更緊密。

34

小心！讓你失去信賴感的線上交流三大雷區

那些大家在辦公室當著別人面前犯下的微不足道的小失誤，到了線上，很可能成為讓公司同事或客戶對你失去信任的導火線。**當人們彼此分開工作時，便難以察覺對方言行舉止的前後關聯性，所以如果因一點小事而產生誤會，就有可能導致信任關係崩潰**。

所以，為了避免失去他人信任，線上開會時，建議各位避開以下三大雷區。

❶ 屢屢遲到

首先，是線上會議中接二連三的遲到問題。線上會議中，如果你遲到，往往會導致其他人在下次會議也遲到的情況。因為對方會認為：「反正他也不會準時開始，晚點到應該無所謂」，導致這種惡性循環不斷上演。

之所以舉行線上會議，目的是為了提高生產效率。如果因自己遲到而剝奪對方寶貴的時間，豈非本末倒置。即使因此失去他人信任，也是咎由自取，理所當然。

然而，並非只有遲到的行為會失去他人信任。

❷ 不熟悉各種工具的操作

「我找一下資料，請稍等！」

「我聽不到聲音。我確認一下問題出在哪，請稍候。」

各位在線上商談或會議剛開始時，是否也曾遇過上述這些人？

與客戶商談，嚴禁遲到是理所當然，但因工具操作不當，造成對方時間上的損失，也與遲到同樣，會失去他人的信任。

準備資料，音訊及視訊等設定，都應該在商談開始前完成。如果忽略這些細節，可能導致不可挽回的後果。

我們在〈前言〉中曾提過，過去在我們的問卷調查中，針對「商談時，如果對方不太會使用線上溝通工具，是否會讓你打退堂鼓？」的問題，有九〇％受訪者回答「是」。

實際上，針對此題，我們緊接著還詢問了受試者理由。其中排名第二的理由是，「對方如果操作不順，會占用到自己的時間」。

圖 10　**Q**　在「商談時，如果對方不太會使用線上溝通工具，是否會讓你打退堂鼓？」一題中回答「是」者，請由以下勾選相符的理由。

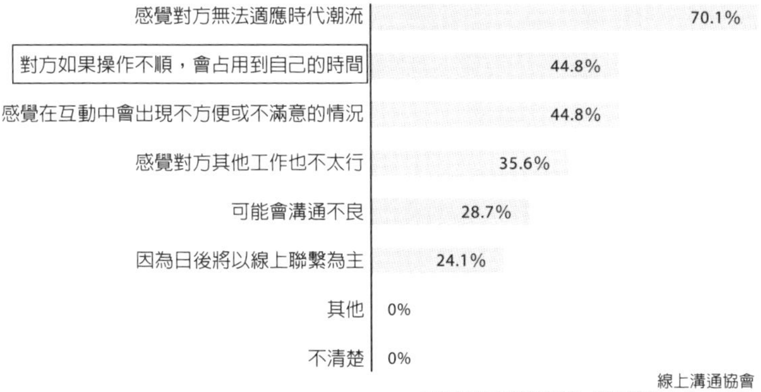

線上溝通協會
「與公司外部溝通實況」的問卷調查（n＝87）

準備不足導致會議或商談延宕，不僅浪費自己的時間，也會占用對方的時間，這一點還請各位謹記在心。

③ 在會議或商談中出現雜音

自己很難察覺從麥克風傳出去的雜音，比如東西的摩擦聲、周圍車輛行駛的聲音、嘈雜的人聲等等。對於透過耳機收聽的聽眾來說，這些雜音令人非常不悅。

有人形容，這種不快的程度「就像一直有蚊子在耳邊嗡嗡作響」，而且要在蚊子飛來飛去的情況下專心聽講，根本是強人所難。

除了聲音以外，對方還可能因為聽不清楚，無法理解談話內容，或因無從理解及判斷，搞不清楚會議進展到哪裡，而備感壓力。

以前，協會成員曾透過 Zoom 與身處咖啡廳的客戶聯繫。當時，不論是餐盤的碰撞聲，還是人們說話的聲音，全都透過麥克風響亮的傳了過來。對方大概是認為，自己在咖啡廳時感覺四周很安靜，因此判斷「這裡夠安靜，應該沒問題」。然而，那純粹是因為他沒有注意到環境噪音。當我們使用 Zoom 聯繫時，受噪音影響，協會成員幾乎聽不清楚對方的聲音，不得不打斷對方，「很抱歉，我真的聽不清楚您在說什麼。請您更換連線地點，或我們改日再談」，被迫中途取消會議。

雖然有時難免會有救護車的警笛聲呼嘯而過，但懇請各位多發揮一點想像去理解，這種情況長期持續下來，會給對方帶來多大的壓力。

所以建議各位盡量採取減噪措施，讓雙方可以在沒有多餘壓力的情況下，安然進行線上會議及商談。

首先，請配戴附耳機與麥克風的耳麥配備。接著，請善加設定利用Zoom及Teams等軟體上附設的抑制視訊背景噪音等功能。例如，在Teams中將「噪音抑制」設定為「高隱藏」，可大幅減少噪音干擾。

儘管軟體設有減噪功能，但並不完美，因此盡可能選擇安靜場所的必要性，自然不在話下。如果從聯合辦公室連線，建議最好使用隔音的私人隔間。

POINT

自己無感的小事，
可能是他人備感壓力的大事。

COLUMN

線上交流，一定要自己主動先開口

在實體溝通中，即使我們在會議上沉默不語，一副欲言又止的態度，就可以引起他人注意，詢問自己的意見；如果臉色蒼白，也可能立即得到他人的關心：「你不舒服嗎？」

然而，如果將情景搬移到連表情都看不真切的線上，我們無法期盼他人提供同樣的體貼。如果沒有意識到這一點，有些人可能會積累壓力，心裡忍不住埋怨：「我這麼難受！為什麼都沒有人注意到我？」最壞的情況，可能導致心理層面出現問題。

自己狀況不好，感覺寂寞，或因溝通困難，無法大聲說自己很痛苦，一心期盼他人能有所察覺，安慰一句：「你還好嗎？」，卻始終等不到別人的關懷……。

這樣的情況，可能已經使許多人感到身心俱疲。

身體不適時，還請主動告知：「我今天不太舒服，可能會晚點回覆。」否則對

方不可能知道。如果什麼都不說，一味等著別人察覺自己的狀況，就算等到海枯石爛，八成也不會有人注意到。

開會時，若不主動舉手發言，也不會憑空出現發言的機會。

正如前面所述，當今的時代，即使雙方在現實中從未見過面，也必須設法與對方建立良好關係。我們必須不厭其煩的主動釋放訊號，否則不會有所謂的「開始」。

請各位試著回想學生時期，新學期剛開始的場景。現在的情況與當時十分類似。在新班級交新朋友時，相信許多人都曾經自己主動出擊。因為你想交的朋友，不見得會來找你攀談。如果你想與他搭起友誼的橋樑，勢必得自己說出來。

誠心建議各位盡早擺脫在溝通上期盼他人當自己「肚裡蛔蟲」的心態。

第 4 章

超效率遠端工作，有訣竅

六個關鍵，打造最有效率的在家工作環境

如同先前所述，未來，遠端工作與打卡上班同步實行的混合辦公模式，必定會成為一種常態。如此一來，我們勢必得採取不同以往的工作策略。

具體上，除了以上介紹的溝通術以外，我們還必須學會如何在居家工作時維持專注，並懂得適時調整心態。

若能順利掌握這些技巧，一定會比在辦公室工作時更有效率。

此外，以遠端工作為主要工作模式時，有一點需要各位特別留意。

請務必高度關注自己的身心健康，否則很容易出現精神方面的疾病。

特別是獨居者，有時甚至可能整日未與他人接觸，開口說話。這種情況一旦變

得司空見慣，長久下來，一些小事都有可能會影響到心理健康。

此外，遠端工作時，一不留神，外出或運動的機會也會大幅減少。這些也都會對精神狀態造成不良影響。

最後這一章將介紹一些小技巧，協助各位在遠端工作中提高效率的同時，兼顧身心的健康。

35

多工處理≠高效率，一次專注一件事最好

「等會在開會時，來準備明天會議要發表的資料！」

在遠端工作時，相信不少人為了盡早完成工作，都曾有過類似的想法。

在線上會議中，只豎起耳朵聽講，手邊在螢幕底下處理其他事項，同步完成多項作業，進行所謂的「一心多用」，也並非不無可能。然而遺憾的是，這樣的作法並不一定能提高效率。

哈佛大學研究明確指出，「一心多用」的工作方式反而會使生產效率降低約四〇%。

報告指出，部分受試者在聽講的同時，一面回覆電子郵件，但能完美回覆信件者，僅占整體的二%，大多數人反而因此降低了工作效率。

若因為「會議主題與自己無直接關係」，忍不住在開會時收發電子郵件，結果發現郵件內容重大，一頭栽進思考，以至於全然聽不進開會內容……

如果發生這些情況，最終可能錯失此次開會的重要決策，犯下失誤……，接著就會進入惡性循環。

再者，假設其他與會者發現你在開會中一心二用，說不定會因此失去對你的信賴。遠端工作中，看不見其他人真實的工作表現，因此一旦失去信用，很難有機會挽回。

不過，在視訊開會時，若收到電子郵件或訊息的通知，容易讓人分心。所以在開會期間，建議最好關閉來信顯示及智慧型手機上的鈴聲通知，等會議結束後再去查看，比較理想。

此外，說不定打從一開始，你根本沒必要參加那些會讓人忍不住在開會時「一心二用」的會議。

經常在會議中處理其他工作的朋友，建議你或許可以重新審視自己參加會議的必要性。

除了少部分天才以外，真正高效率的人，不會同時進行多項作業。實際上，他們會百分百全神貫注在眼前的工作，專心處理一項任務，完成後再繼續執行下一項任務。

當人們聽到「多工處理」，很容易陷入「這是為了提高工作效率應具備的技能」

的迷思，但實際上並非如此。請記住，擺脫這種不符實情的固有觀念，也是提高工作效率的方法之一。

POINT

與其在同一時間內處理多項工作，不如設法縮短處理單一工作的所需時間。

36

適時關閉聊天室通知，避免注意力被綁架

遠端工作時，沒有周圍閒雜人等的雜音，也不會有人打擾，非常適合文書或行政作業等需要集中精神處理的工作。

但是，有一件事會打斷此時的專注力。

那就是聊天室的訊息通知。

我們在上一章，曾大力推薦各位，務必善用聊天工具，藉以在遠程工作中建立並維持人與人之間的關係。**然而，在毫無預防措施的情況下使用聊天工具，訊息的通知可能會就此打亂你的工作節奏**。

透過聊天工具發送訊息，比電子郵件更輕鬆簡便，也因此傳訊人往往會認為他們可以輕鬆的得到回應。如果收訊人也有同樣的感受，「必須立刻回覆」的心理就會開始作祟，擾亂當事人的注意力。

然而，雖然心中很想立刻回訊息，但現在非常需要專注，所以希望對方稍等一會……。這時，我們該如何是好？

首先，希望各位理解一件事：聊天工具並不意味著「即時溝通」。在回覆的時間上有所延遲也沒有關係，沒有必要非得立刻回應不可。

因此，即使收到訊息通知，也無須驚慌。相反的，我們也不應該因為對方沒有立即回應，就感到焦躁或指責對方。

在了解上述的前提之下，建議各位在想要專注於工作的時候，暫時關閉通知。此時不妨利用暫停提醒功能，設定「暫停一小時」的通知提醒。

此時，請表明自己目前的狀態（狀態顯示），這一點非常重要。啟動狀態顯示的功能，聊天系統上會出現類似以下的訊息。

「暫時無法回訊。」

「暫時離席。」

「休息中。」

「午餐時間。」

如果使用的聊天工具可以像這樣切換狀態，最好在無法立刻回訊時多加使用，這樣一來，傳訊人見狀也能夠安心，不用煩惱「為什麼他還沒回覆」。

此外，為了讓這種新的溝通文化在團隊裡紮根，在使用聊天工具以前，請務必讓所有成員理解：聊天工具不是即時通訊，傳訊時，請記得確認對方目前狀態是否

顯示忙碌或離席，以避免造成誤解。

萬事起頭難，但隨著思維的養成，遠端工作的效率將會大幅提升。誠摯建議有效的利用聊天工具及暫停通知的功能。

POINT

建議全體團隊共同討論如何運用聊天工具。

37

凝聚注意力三招，即使沒人管也能集中

我們在上一節討論到，訊息通知會干擾專注力。但反過來看，過度專心於工作，一旦專注力被打斷，就需要花費更多的時間去集中精神。此外，如果早上努力過頭，到了下午或傍晚，工作表現通常會明顯下滑。

在遠端工作中，很容易出現「前兩個小時可以全神貫注，但之後就很容易分心」的情況。在此容我們簡單介紹三種維持注意力集中的方法。

❶ 以三十分鐘為一組工作單位

各位是否聽過提高專注力的「番茄鐘工作術」（pomodoro technique）？

這個方法非常簡單。以「二十五分鐘＋五分鐘」的三十分鐘為一組工作單位，工作二十五分鐘後，便休息五分鐘，接著再工作二十五分鐘，然後休息五分鐘；如此反覆三到四組後，安排一段十至十五分鐘的休息時間。

二十五分鐘的工作時間，一轉眼就過去。這意味著我們必須在一個不上不下的段落，暫停放下工作。但也因為我們被迫在不上不下的段落停止工作，所以基於人性，會忍不住想在一個完美的段落結束。也因此，這種內在驅動力會在無意間提高專注力，進而加快工作速度。時間的計時，可以利用智慧型手機裡的計時器功能，另外也有專用的應用程式。

順帶一提，「pomodoro」是義大利文，意思是番茄。之所以取名為番茄鐘，據說是因為這套方法的設計人法蘭西斯科・西里洛（Francesco Cirillo），使用番茄形狀的廚房計時器來計時。

❷ 改變坐姿

據悉，如果一直維持不良姿勢，專注力會下降五％。相較於在辦公室工作，遠端工作者坐著的時間又更長，因此需要特別留意姿勢。

為了保持專注，坐著時，雙腳要平踏在地面，這一點很重要。許多人習慣把椅子坐滿，但這種坐法，很容易只有腳趾接觸地面，腳板懸空，失去穩固性。

要提高專注力，最有效的方法是不靠椅背，也不要坐滿椅子，確保雙腳腳底平貼著地面。此外，瑜珈球也十分推薦。

③ 用喇叭播放音樂

相信許多人會在遠端工作時聽音樂，然而音樂播放的方式，有時會妨礙注意力集中。我們經常可以在電視新聞等媒體上看見，運動選手在比賽前戴耳機聽音樂的身影。然而，就工作而言，**不建議在工作時戴耳機聽音樂。因為聲音會直接灌入耳中，容易讓人把注意力轉移到音樂上。**

為了專注在工作上，建議在室內放置喇叭，以擴音的方式播放音樂，因為「環境聲音」有助於人們集中專注力。在咖啡廳工作時感覺注意力比較容易集中，也是因為背景音樂和周圍的聲音形成環境聲音環繞在四周（譯註：根據伊利諾大學梅塔〔Ravi Mehta〕等人的研究顯示，相較於安靜的環境，人們在適度嘈雜的環境下，更容易專注）。

透過喇叭，以低音量播放自己喜歡的歌曲，這才是聽音樂保持專注力的最佳方式。

POINT

找出最適合自己的專注模式，並將之養成習慣。

38

有時也要換個地點工作，適度提供新刺激

遠端工作時，獨自一人工作，長久下來，難免覺得孤立無援。

一直在同一個環境和房間裡待太久，也容易累積壓力，況且一成不變的景色，大腦也可能會因為缺乏刺激，而無法產生靈感。如果在這種情況下持續工作，遲早會降低遠端工作的效率。

此時，建議各位不妨換個地點工作。最近新增了不少設備完善的共享工作空間，咖啡廳或圖書館也是不錯的地點。步行過去，還能順便解決缺乏運動的問題。

許多人發現在咖啡廳更容易專注，因為在他人的注視之下，會讓人不自覺神經緊繃。位在繁忙市中心的咖啡廳，有些會設定二小時的使用限制，這種時間上的壓力，反而有助於督促工作進展。這說不定比長時間窩在同一個空間裡工作，來得更有效率。

如果礙於安全考量或工作規定，公司明言禁止在居家以外的地點工作，或工作類型本身無法在外完成，不妨改變工作空間，比如從工作室轉移到餐廳等，也有助轉換心情。

此外，遠端工作會明顯減少外出機會，因此需要自己努力製造出門的機會。**各位不妨試試在早晨散步。在空氣清新的時段出門，不僅令人煥然一新，研究也已經證實，曝曬在陽光底下，可以喚醒人的大腦。**不妨善加利用省下來的通勤時間，悠閒的散步或運動，建立規律又充滿活力的生活。

以前天天打卡上班的日子，多半是利用搭大眾運輸工具、步行到辦公室等活動醒腦，幫助自己轉換到工作模式。養成早上散步的習慣，也能獲得同樣的效果。

至於中午，建議外出覓食。

雖說是居家工作，但並沒有規定一定要在家吃，不能外出去店裡吃或買午餐。

自從開始居家工作後，相信許多人已經漸漸養成天天吃泡麵、冷凍食品或外送餐點。但如此一來，只會減少活動身體的機會。所以建議提醒自己，每週刻意的多出門幾次。

因忙碌而無法外出的朋友，至少要提醒自己多曬曬太陽。長期窩在家中，缺乏日照，容易影響身心健康。

早晨起床後，立刻拉開窗簾，沐浴陽光，就能刺激血清素分泌，幫助調整生理時鐘。

中午在家用餐時，也建議移動到陽光充足的空間、陽台或庭院，多接觸陽光。

POINT

養成良好習慣，多運動、曬太陽，以保持身心健康。

39

開著鏡頭工作壓力大？隱藏本人視圖就OK

各位是否聽過「視訊畸形恐懼症」（Zoom Dysmorphia）？這是一種心理疾病，由美國皮膚科醫師指出。具體來說，就是在視訊會議時，患者覺得自己的臉在螢幕上看起來比想像中的更醜陋，因而產生巨大的壓力。

亦有數據顯示，自從爆發新冠肺炎以來，男性化妝品的銷售量節節高升。這或許是因為，以往與人交談時，本人看不見自己的臉，但隨著線上會議的增加，使得愈來愈多男性留意到自己臉上的斑紋，因而開始在意起外貌。

在視訊商談等線上會議中，自己的臉通常會一起出現在螢幕畫面上。即便不至於像「視訊畸形恐懼症」那樣嚴重，但在螢幕上看見自己的模樣，總會讓人不由自主的去在意。如果因此感到壓力，就應設法解決。

在此建議各位使用「隱藏本人視圖」的功能。

啟動這項功能後，其他與會者依舊可以看見你的影像，但在你的螢幕上不會顯示你本人的圖像。

在本書編寫期間（截至二〇二二年十月），僅 Zoom 有提供這項功能服務。於視訊設定欄位點選右鍵，選擇「隱藏本人視圖」，你的電腦螢幕就不會再顯示本人圖像，不過你的影像還是會清楚的顯示在其他與會者的螢幕上。

使用這項功能，可以減輕看見自己的臉所帶來的額外壓力。

如果是面對面交談，自然不會看見自己的臉。因此視訊時即使看不見自己的臉，也完全不影響談話。

但如前文中所提到，關閉鏡頭（自己和其他與會者都看不見你的臉）恐引起不必要的麻煩及溝通不良，因此不建議採用這個手段。

此外，在多人參加的線上會議中，會議檢視的設定大多會選擇顯示所有與會者的「畫廊檢視」，但據說這是引起「視訊倦怠」（Zoom fatigue）現象的主要原因之一。

以往在實體會議室開會時，除了自己在發言的期間以外，基本上幾乎不會感受到「其他與會者的注視」。然而，畫廊檢視會在螢幕上平均的列出所有與會者的縮圖。這種縮圖顯示，似乎更容易讓人有「所有人都在看自己」的感受，即使事實並非如此。

實際上，史丹佛大學研究結果亦指出，在線上會議中感受他人的注視，會形成一種壓力。

假設畫廊檢視對你而言是一種心理負擔，不妨切換成「演講者檢視」，也就是僅顯示發言者的視窗。設定方法很簡單，請多加利用。

POINT

遠端工作其實潛藏著許多特有的壓力，但解決方案也意外的簡單，不妨多方採用，減少負擔。

40

感到孤單時，就撥個電話找人隨意聊聊

「今天完全沒有跟人說到話……」當遠端工作以線上聊天工具為主要溝通模式時，與人實際說話的機會會大幅減少。

研究證實，人如果連續數日不說話，精神狀態容易變得不穩定。根據國外研究顯示，男性平均一天說七千字，女性為二萬字。當女性說話少於六千字時，大腦似乎會感受到壓力。反過來說，「說話」是防止精神疲勞的方法之一。

我們在第三章也曾提過，**偶爾不妨刻意製造打電話的機會。即使只是簡單的諮詢或分享資訊，就能轉換心情，雙方聊開了，甚至還有機會閒話家常。那怕僅只如此，也能讓心情變得輕鬆愉快**。

不過，最近有些人覺得「突然來電，未免有些失禮」，因此建議事先透過訊息聯繫「十分鐘後方不方便打電話過去？」，得到首肯，再撥打電話，如此一來，彼此都能愉快的透過電話交談。

POINT

如果最近覺得情緒有點低落，不要猶豫，試著打電話與人交談。

線上工作，要記得多多起身走動

在正文中我們也曾提過，一般認為，遠端工作者久坐的情況，比辦公室的上班族來得更嚴重。

在辦公室，偶爾會起身去買飲料、吃午餐、往來值勤室或會議室，時常有起身活動的機會。但遠端工作時，容易窩在同一個房間，一直坐著不動。

也因此，「久坐的生活習慣會提高死亡率」的說法最近又再度盛傳。一天久坐八小時，相較於一天坐三小時，前者死亡風險竟高達一．二倍。

原因在於，久坐容易導致血液循環不良。血液循環一差，罹患腦中風、腦血管疾病、糖尿病、肥胖、失智症的風險大增，因而提高死亡風險。

我們原本是為了生活而工作，若因工作而縮短壽命，豈非本末倒置。因此，工作時，請務必養成定期起身走動的習慣。

不妨利用前面介紹過的「番茄鐘工作術」，每工作二十五分鐘便稍作休息，起身活動身體。如此不僅能預防久坐，也有助於提升專注力，請各位務必嘗試。

此外，我們也推薦多喝水。喝水不但能改善血液循環，也會促進尿意，讓人有多起身走動的機會，一舉兩得。

常言道：「為維持健康，每天至少喝二公升的水。」不妨以此為參考。

總而言之，在工作中，最重要的首推身心健康，特別是年輕人，往往容易忽視這一點。因此誠摯希望各位在工作時能有所自覺——身體是我們重要的資本。

結語

善用遠距溝通技巧，無論身在何處都能工作

感謝各位閱讀到最後。

如今回想起來，新冠肺炎疫情於二〇二〇年春天正式爆發，社會陷入一片混亂。政府為了防止疫情擴大，倡導「新生活模式」，要求國民減少與人接觸。

不僅取消運動賽事、音樂節等人群聚集的活動，大型賣場暫停營業，學校關閉校園，公司行號也都盡可能改為居家辦公。

這場突然來襲的大流行，促成Zoom、Teams等線上會議軟體備受矚目。戰戰兢兢試用一番後，不但出乎意外的簡單，也沒有染疫風險。而且減少了外出需求，節省移動時間，這一點格外迷人。

「居然有這麼方便的工具」——相信這是許多人最真切的感受。也因此，愈來

愈多人認為，「如此一來，就沒必要再擠爆滿的電車進城上班」，於是從市中心搬遷到郊外的人口也有所增長。

線上會議系統的快速普及，可說是疫情帶來的「功與過」中，可歸屬於「功勞」的一面。

另一方面，「視訊倦怠」成為流行語的現象，凸顯出線上溝通的困難。

在線上確實可以討論公事，也看得見彼此的面孔，但對雙方而言，終究沒有「會面」的實際感受。

想注視著對方眼睛說話，卻始終對不到視線。

抓不準對方的反應，搞不懂他到底有沒有在認真聽講。

無法打斷那些在會議上長篇大論的人，沒機會發表自己的意見。

再不然，就是沒有人願意打破沉默進行討論，螢幕上一片死寂。

受夠這種焦躁、令人無法忍受的情況，每次線上會議商談結束，總是疲憊不堪……。相信以上是許多人都曾歷經過的痛苦經驗。

然而，各位既然讀完了本書，想必已然了然於心。

線上有線上的優點。善加利用，建立新的溝通模式，開啟新的工作方程式——這是本書的立意重點。

截至二〇二二年十月，日本已逐步開放國境，取消入境管制，政府也鼓勵民眾在戶外摘下口罩，種種跡象顯示，疫情也終將告一段落。但誠如我們在前文中所述，一旦體會過線上溝通的便利，便再也回不去傳統溝通模式。疫情結束後，我們的世界終將會走向線上溝通的趨勢，「不用特地出差，Zoom 便可以應付雙方的聯繫」、「實際會面一次，彼此打過照面後，日後的商談透過線上聯繫就好」。

如此一來，未來，我們勢必要比現在更能善加利用線上溝通工具，這一點無庸置疑。

誠摯希望本書能協助各位，與客戶和往來商業夥伴，保持良好的溝通，擴展事業，並改善公司內部的溝通順暢，實現舒適的遠端工作。

社團法人線上溝通協會　敬上

國家圖書館出版品預行編目（CIP）資料

遠距溝通最強術：視訊溝通有溫度零失誤的 40 個攻略，無論在家接案、線上會議、簡報說服、人脈擴展，都上手無阻礙／社團法人線上溝通協會著；林姿呈譯 . -- 初版 . -- 臺北市：樂金文化出版：方言文化出版事業有限公司發行 , 2023.10
208 面；14.8×21 公分
譯自：オンラインコミュニケーションの教科書
ISBN 978-626-7321-42-3（平裝）

1. CST：會議管理　2. CST：人際傳播　3. CST：視訊系統
4. CST：電子辦公室

494.4　　112016207

遠距溝通最強術

視訊溝通有溫度零失誤的 40 個攻略，無論在家接案、線上會議、簡報說服、人脈擴展，都上手無阻礙

オンラインコミュニケーションの教科書

作　　者　社團法人線上溝通協會
譯　　者　林姿呈

編　　輯　林映華
編輯協力　楊伊琳、施宏儒
總 編 輯　鄭明禮
行銷企畫　徐緯程、林羿君
版權專員　劉子瑜
業 務 部　葉兆軒、陳世偉、林姿穎、胡瑜芳
管 理 部　蘇心怡、莊惠淳、陳姿伃

封面設計　職日設計 Day and Days Design
內頁設計　綠貝殼資訊有限公司
法律顧問　証揚國際法律事務所 朱柏璁律師

出版製作　樂金文化
發　　行　方言文化出版事業有限公司
發 行 人　鄭明禮
劃撥帳號　50041064
通訊地址　10046 台北市中正區武昌街一段 1-2 號 9 樓
電　　話　(02)2370-2798
傳　　真　(02)2370-2766
印　　刷　緯峰印刷股份有限公司

定　　價　新台幣 320 元，港幣定價 106 元
初版一刷　2023 年 10 月 25 日
I S B N　978-626-7321-42-3

ONLINE COMMUNICATION NO KYŌKASHO
by Online communication kyokai

樂金文化　方言出版集團
BABEL PUBLISHING GROUP